核科学基本原理

【新西兰】欧内斯特·卢瑟福◎著 贾向娜◎译

长江出版传媒

湖北科学技术出版社

图书在版编目（CIP）数据

核科学基本原理/（新西兰）欧内斯特·卢瑟福著；贾向娜译. —武
汉：湖北科学技术出版社，2016. 9
　ISBN 978-7-5352-8869-1

　Ⅰ. ①核… Ⅱ. ①欧… ②贾… Ⅲ. ①核技术—研究 Ⅳ. ①TL

中国版本图书馆 CIP 数据核字（2016）第 128027 号

策　　划：李艺琳　　　　　　　　　　　　　**责任校对**：王　迪　陈　元
责任编辑：李大林　张波军　　　　　　　　　**封面设计**：胡开福　王　梅

出版发行：湖北科学技术出版社　　　　　　　　电话：027-87679468
地　　址：武汉市雄楚大街 268 号　　　　　　　邮编：430070
　　　　　（湖北出版文化城 B 座 13-14 层）
网　　址：http://www. hbstp. com. cn

印　　刷：三河市华晨印务有限公司　　　　　　邮编：065200

700×960　　1/16　　　　　　　　　　　　14 印张　　168 千字
2016 年 9 月第 1 版　　　　　　　　　　　2021 年 4 月第 2 次印刷
　　　　　　　　　　　　　　　　　　　　　　定价：39. 80 元

如对本书有意见和建议或本书有印装问题，请致电 010-50976448

西利曼基金和卢瑟福放射性衰变

早在 1883 年海普斯·伊利·西利曼夫人（Mrs. Hepsa. Ely. Silliman）的子女们致信给位于康涅狄格州纽黑文市的耶鲁学院理事会，并附上 8000 美元，希望设立一个年度系列讲座，主题涵盖自然和历史科学，尤其是当时已给人类文明带来巨大影响的天文、化学、地质和解剖学科，以纪念他们至爱和尊贵的母亲！

耶鲁大学理事会深为感动，于 1902 年成立西利曼基金，致力于从全世界遴选学者来介绍人类文明科学的发展，并将授课内容编撰出版。

欧内斯特·卢瑟福（Ernest. Rutherford）接到邀请，他详尽地介绍了放射性的特性，把放射过程中会发生衰变这一最新发现也纳入讲稿之中，并于 1905 年 3 月整理成册以展示给大众。

处于那个年代的人类正站在原子外面窥视，是卢瑟福继伦琴和居里之后撬开了这扇大门，使人类进入了崭新的核物理科学时代。

今天的世界看上去已天翻地覆，但宇宙和地球似乎没多少变化，沿着作者指出的路，人类获益匪浅！

广岛和长崎核爆受害者存世不多，切尔诺贝利和福岛核泄漏阴影不散，加上媒体舆论，人人谈辐射色变！

然而你想过吗？我们身边又存在着多少辐射呢？

手机、电脑、家用电器……

这些时时散发着辐射的电子产品，对我们的身体又有多少危害呢？

赶快远离这些辐射的源头！

抽点空，来看看卢瑟福老爷爷是怎么说的吧！

100 多年前写的经典，对于今天的新新人类来说，依然是不可多得的宝贝！

序　言

目前这一卷的内容包含由耶鲁大学西利曼基金支持的 11 个主题讲座，1905 年 3 月完成。

我选择当下最有趣的放射性科学的发展作为我的讲座主题。放射性即指放射性物质持续发生的转变。在全力阐述放射性科学的最新发展这一主题的同时，为了清晰起见，我想有必要首先从总体上对放射现象做一些必要的解释，只不过不会像我之前在放射性方面的著作那样详尽全面和深入彻底。

讲座中对主题的阐述顺序会紧紧遵循当前这卷书各章节的安排，但是我们的放射性相关知识增长如此之快，我认为将在讲座完成之后新出现的某些重要研究结果纳入相应章节也未尝不可。关于这一点，在对《α射线》一章的处理上尤其如此。由于α射线在放射性衰变中所起的重要作用，在过去一年科学家们将许多精力致力于α射线的研究。

我十分感谢我的同事哈克尼斯教授和布朗教授，感谢他们对本书相关内容不辞劳苦地进行仔细校对，感谢他们提出的许多有益建议。

欧内斯特·卢瑟福

麦吉尔大学

加拿大蒙特利尔

1906 年 6 月 4 日

目 录

第一章

放射性概述

1.1 放射性发展简史

刚刚过去的十年是物理科学界硕果累累的十年。在这期间,最引人注目和最具重大意义的新发现接连不断地涌现。这些新的发现使我们的科学知识得以扩展至更广阔和更深远的天地,尽管它们来自不同的领域,然而经过仔细考察后会发现,这些看似不同领域的研究之间都存在着密切的联系,每一个新发现都为下一个发现提供了必要的激励与启发,并成为下一个新发现的起点。

新发现的脚步是如此之快,甚至那些直接参与研究的科学家们也很难即刻把握所披露事实的全部意义。这种状况在放射性科学领域更是如此。在这个领域中观察到的现象十分复杂,而这些现象的运行规律又非同寻常,以至有必要引入新的概念才能对有关现象加以解释。

物理科学发展的新纪元开始于 1895 年伦琴发现 X 射线和 P. 勒勒纳德的阴极射线实验。当时,X 射线奇特的性质立即引起了科学界的注意,并导致一系列相关研究的开展,目的不仅是为了考察射线本身的性质,也是为了揭示射线的真正本质和起源。

为了弄清楚 X 射线到底是什么,科学家们对真空管中产生的阴极射线进行了更加密切仔细的研究,因为据观察发现,这些阴极射线在某种方式上与 X 射线的发射有着某种紧密联系。1897 年,约瑟夫·约翰·汤姆逊最终

· 1 ·

成功证明,阴极射线是由一连串携带负电荷并以巨大速度运动的粒子组成。这些粒子的表观质量仅是氢原子的千分之一,因此,这些粒子是科学上已知的最小物体。这些粒子被称为"微粒子"或者"电子",显然,它们是所有物质构成的一部分,也是不可再分的最小原子组成部分。

电子假说的提出带来了极其丰厚的回报,这样的假说极大改变或者更确切地说是延伸了以前提出的物质构成概念。它为物理科学打开了十分广阔的研究领域,可谓是为科学研究提供了一台显微镜,可以通过这台显微镜去考察化学家眼中的原子结构。J. J. 汤姆逊通过数学模型考察了由若干旋转电子组成的模型原子的稳定性,结果显示,这些模型原子会以一种绝妙的方式模拟化学原子的某些根本性质。

阴极射线具有微粒子特征的有关证据说明,X 射线的本质和起源可能是阴极射线。G. 斯托克斯、J. J. 汤姆逊和 J. 韦查特分别独立提出阴极射线是 X 射线的母体。阴极电子流中电子运动的突然终止会导致产生强烈的电磁干扰,该电磁干扰从受影响点起以光速向外传出。从这个观点可以得出结论:X 射线是由若干不连贯的电磁波组成,电磁波彼此接连不断地快速传播但没有固定的秩序。X 射线在某些方面与极短的远紫外光相似却又有不同,因为 X 射线电磁波没有周期性。如果 X 射线电磁波宽度小于原子的直径,则根据上述理论可以得出:X 射线具有穿透力,不具有直接反射、折射或极化作用这些特点。

对于这些 X 射线电磁波的本质和性质,J. J. 汤姆逊[1] 在 1903 年的西利曼讲座中已给出令人钦佩而简洁的解释。

同一时期,科学家们还对 X 射线的另一个非凡性质进行了仔细的检验。当 X 射线通过一种气体后会赋予该气体一种新能力,也就是使带电体快速放电的能力。可根据以下假设对这个现象进行圆满解释:X 射线可使电中性气体形成若干带正电和带负电的载体或离子。[2] 针对 X 射线这一特性进行的研究大致有两条截然不同的路线,一条是电学方向上的,另一个是光学方向上的。C. T. R. 威尔逊[3] 研究发现，在一定条件下气体经 X 射线作用而产生的离子会成为水分子在其上发生凝结的微核。这样每一个离子便成为可见的带电小水球的中心，而带电水球在电场中产生运动。这些实验异常卓越地验证了电离理论的根本正确性，清晰地提出了电荷载体的不连续性或原子性结构。

对离子在气体中扩散进行大量研究所得到的结果使得 J. S. 汤森[4] 推断出一个重要事实，即气体离子携带的电荷在所有情况下均是相同的，且等于水电解产生的氢原子所携带的电荷。J. J. 汤姆逊[5] 将电学方法和光学方法结合起来，求得了离子携带电荷的实际数值。

这个重要物理单位的测定可让我们计算出经电离剂作用后任意体积的空气中存在的离子数目。除此之外，从测得的离子电荷数值还得到了迄今为止一个最准确的重要推算，即在标准大气压和标准温度下，单位体积的任何气体中存在的分子的总数目。同时，以后会看到这个完全基于实验室数据而得出的数值对放射性科学中各种物理量的量级估算具有极其重要的价值。

气体的电离理论成功地应用于解释火焰和加热蒸汽的传导性能，以及用于阐明通过真空管放电这样的复杂现象。对气体电离理论这一影响深远的物理领域的有关探究，其开端和发展均归功于剑桥卡文迪什实验室的 J. J. 汤姆逊教授和他的学生们。

理论方面，远在实验证据出现之前，科学界已确认物质离子论或电子论的可能性。在这些理论研究领域最典型的代表人物是 H. A. 洛伦兹和 J. 拉莫尔，H. A. 洛伦兹创立了（经典）电子论并推出了洛伦兹力公式，J. 拉莫尔提出了具有磁性的微粒子在磁场中产生运动的理论并推导出了运动频率，这些理论在解释电磁场中的一些微观物理现象的同时，对辐射的机制也给予了解释。P. 勒塞曼所发现的原子光谱线在外磁场作用下发生分裂的现象（塞曼效应）为 H. A. 洛伦兹的电子论提供了强有力的印证，因为 P. 勒塞曼观察到的上述光谱分裂的实验现象很大一部分可通过 H. A. 洛伦兹的电子论进行预测。除此之外，通过电子论和塞曼效应，还可推断出因运动而产生辐射作用的离子的质量与 J. J. 汤姆逊在真空管实验中观察到的微粒子的质量大致相等。相关研究结果即刻将离子论的范畴延伸至普遍物质，尽管有许多研究尚未完成，现有结果也已经证明了电子理论在阐明一些最深奥的物理现象方面所拥有的巨大价值。

伦琴发现 X 射线为新生代物理科学起源的重要标志之一，这个发现在一个始料不及的方向产生了甚至比 X 射线本身更加重要的成果。在 X 射线被发现后不久，就有人认为，这些射线的发射在某种方式上与真空管壁阴极射线形成的磷光有关。

若干科学家认为，在光照射作用下产生磷光的自然物体或许拥有发射某种具有穿透力的类似于 X 射线的性质。我们现在知道，这个猜想事实上没有确凿的根据，但是它激发了研究者们在这方面进行深入研究，并且很快导致了具有深远意义的重大发现。

最著名的是法国物理学家 H. A. 贝克勒尔[6]，在对这个猜想进行研究的实验中，将一个磷光性铀化合物（铀钾双硫酸盐）与其他物质一起对黑纸信封里的照相底板进行照射，结果观察到底板变黑，这表明该铀钾双硫酸盐物质发射了射线，该射线能穿透普通光透不过的物质。然而他很快又发现，使照相底板变黑的性质与磷光毫无关系，因为所有铀的化合物和铀金属本身都具有这个性质，即使这些物质在暗室中放置很久，还是会有这个性质。

由此，科学家发现铀的射线与 X 射线具有类似的穿透力。科学家起初认为这些射线不同于 X 射线，因为它们表现出一定的反射、折射和极化性质，但是，科学家后来发现这个结论是错误的。

H. A. 贝克勒尔观察到铀射线除了具有感光作用，与 X 射线一样，还拥有使带电体放电的重要性质。卢瑟福[7]后来曾对铀射线使带电体放电的性质进行过详细验证，并认为可以用铀射线通过气体后使气体产生电离的假设加以解释。他同时发现铀射线的电离作用产生的离子与 X 射线产生的离子相同，因而电离理论可以直接用来解释铀射线产生的各种放电现象。与此同时，卢瑟福也明确提出铀可以产生两种不同种类的射线，称其为 α 射线和 β 射线。α 射线很容易被空气和薄的箔纸吸收，而 β 射线属于穿透力极强的类型。

铀的放射强度，不论是通过感光法还是电学方法检验，总是保持稳定的常数，或者以极其缓慢的速率变化，因为科学家在几年时间里并没有观察到铀的放射强度有明显的改变。铀所表现的感光作用和电效应与普通的聚焦 X 射线管产生的作用相比要微弱得多，需要将照相底板用铀盐照射至少一天时间才能产生显著的感光作用。

"放射性"一词现在已经被普遍理解为某类物质能够自发发射某些特殊类型射线，这种射线能够使照相底片感光和带电体放电，其中最具代表性的物质是铀、钍和镭。"放射性活度"一词用来指与某标准物质相比较，待测物质发射射线的电学或者其他作用的强度大小。通常选铀作为该标准物质，这主要是因为铀的放射作用具有很好的稳定性，其他物体的放射性活度通常以该待测放射性物体所产生的电效应与相同重量的铀或者铀的氧化物在相同放射面积下产生的电效应的比值来表示。举例说明，我们说镭的放射性活度大约为 200 万，则意味着它产生的电效应是相同重量的铀在相同放射面积下产生的相应电效应的 200 万倍。

铀所拥有的这种以某种特殊形式自发发射能量而铀物质本身并无明显变化的性质，不可否认是极其异常的现象。但是以普通标准评判，铀的能量发射速率是如此的微弱，以至它并没有在科学界引起十分活跃的研究和讨论，而后来镭的有关发现则激起了科学界极大的研究兴趣。因为镭把类似于铀的上述性质表现得非常显著，所以它不仅让"勤于思考的科学大脑"，还让"喜欢沉睡的大脑"对他产生了深深的吸引。

在 H. A. 贝克勒尔发现铀的放射性后不久，居里夫人[8] 对各种不同物质的放射性进行了系统检测,并且发现钍元素也拥有类似于铀的性质且放射性程度几乎相同。G. C. 施密特[9] 也独立观察到了这一事实。接着居里夫人等人对含有钍和铀的自然矿物进行了检测,观察到的结果出乎意料。结果发现,一些矿物具有比纯的铀或者钍高几倍的放射性,在所有情况下,铀矿物所表现的放射性活度是矿物中所含铀量预期放射性活度的 4～5 倍。居里夫人发现铀的放射性属于原子性质,也就是说,所观察到的性质仅取决于铀元素的含量而与铀和其他成分或物质的结合没有关系。如果事实如此,则铀矿物所表现出来的巨大放射性活度只能通过假设矿物中另一个未知物质的存在而加以解释,且该物质的放射性活度远远高于铀本身。

依赖于这个假设,居里夫人大胆进行了进一步实验,看是否能将该未知物从铀矿物中分离出来。承蒙澳大利亚政府的支持,她从波西米亚的约阿希姆斯塔尔国家工厂获得了一吨的沥青铀矿残渣。在这个地区,铀沉积量十分丰富,通常称为沥青铀矿,该矿可用于冶炼铀。沥青铀矿主要含铀,同时含有少量的其他稀有元素。

作为分离放射性物质的先导,居里夫人使用了适当的验电器来测量放射体产生的电离作用。在化学分离步骤完成后,分别检测沉淀物以及滤液蒸干后残留物质的放射性活度,这样便可以确定放射性物质主要是被沉淀出来了还是留在了滤液中。

因此,电学方法便成为快速定性和定量的分析手段。沿着这个方向继续研究,居里夫人发现不是一种物质,而是有两种放射性物质存在于铀矿残渣中。第一种物质与铋一起被分离出来,她将其称为钋[10],取名"钋"是为了向她的出生国波兰表达敬意。第二种物质与钡一起被分离出来,居里夫妇将其命名为镭。[11]镭这个名字用以表达一种开心的激励,因为该物质在纯态时的放射性活度至少是铀的 200 万倍。居里夫人然后继续从事繁重的分离工作,目标是将镭从钡中分离出来,她最终成功分离得到的少量物质很可能是纯的氯化镭。镭的原子量经计算为 225。镭的原子光谱首次被 E. A. 德马尔塞测得，所得光谱含有数条亮线，在许多方面类似于碱土金属的光谱图。

在化学性质方面镭与钡密切相关，但是可利用两者氯化物和溴化物溶解性的不同，将镭从钡中完全分离出来。考虑到只能获得少量的镭化合物以及分离期间产生的巨大花费，还没有人愿意尝试去获得金属态的镭。然而，K. 马尔克沃德[12]用汞电极作为阴极对镭溶液进行电解得到了镭金属与汞金属形成的汞镭合金，与钡汞合金形成的方式一样。这种方法得到的痕量金属镭也展现出了镭化合物的放射性特征。

以金属状态获得的镭毫无疑问仍具有放射活性，因为放射性属于原子层面的性质而非分子层面的性质。除此之外，铀和钍作为金属所展现的放射性活度经检测与铀化合物预期的放射性活度相同。

镭以极少量存在于放射性矿物中。之后科学家们发现在不同矿物中镭的含量总是与铀的含量成一定比例关系。每吨铀中镭的含量大约为 0.35 克，或者小于矿物的百万分之一。在 1 吨含有 50% 铀的约阿希姆斯塔尔沥青铀矿中，理论上镭的含量大约为 0.17 克。

居里夫人采用对钡镭的氯化物进行分级结晶的方法将镭从钡镭混合物中分离出来。F. O. 吉赛尔[13]发现通过使用钡镭的溴化物而不是氯化物，能使镭的分离更加容易方便。他称只要进行六次结晶，即能够几乎全部将镭从钡混合物中分离出来。

镭的发现成为利用化学方法检测放射性矿物中是否存在其他放射性物质的一个巨大推动力。A. 德拜耳尼[14]成功提取出一个新的放射体，称为"锕"。F. O. 吉赛尔[13]独立观察到一个新的放射体的存在，他将之称为"发射挥发放射物的物质"，后来称为"emanium"，用于表明该物质快速发射寿命短暂的挥发性放射物质（射气，emanation）或气体的性质。最近有研究工作显示，A. 德拜耳尼和 F. O. 吉赛尔分离出来的两种物质在放射性质方面相同因而两者必定含有相同的元素。A. W. 霍夫曼和史特劳斯[15]以与铅形成共沉淀的方式分离出一种放射性物质，他们将它称为"放射铅"，而 K. 马尔克沃德[16]后来从沥青铀矿残渣中获得一些放射性极强的物质,并将它称为"放射碲",因为这种物质最初是在分离碲时以与碲共存的杂质形式被发现的。

除了镭以外,其他所有放射性物质均未获得它们的纯态。我们以后会看到,存在于放射碲中的放射性元素几乎可以肯定与居里夫人发现的钋是同一种物质;事实上,放射铅和放射碲中存在的放射性元素,均产自于沥青铀矿中提炼出来的镭,换言之,这两种元素是镭原子的两种衰变产物。

由于可以制备放射性极强的镭来作为放射源,这使得研究者们可以对极易从该物质发射的射线本质进行仔细考察。F. O. 吉赛尔[17]于 1899 年观察到穿透力更强的射线,并将上称为 β 射线,该射线在磁场中发生与阴极射线相同方向的偏转,表明 β 射线是由从放射性物质中以巨大速度发射出来的带负电的粒子组成的。

这个推断从 H. A. 贝克勒尔实验中得到了有力证实。[18] H. A. 贝克勒尔分别在磁场和电场中考察了一束 β 射线的偏转。实验结果显示,β 粒子具有与阴极射线流粒子相同的微小质量,以前 J. J. 汤姆逊曾说明了阴极射线粒子的微粒子本质。β 粒子实际上与真空管放电释放出来的电子是同一种物质。

β 粒子以不同的速度从镭发射出来,但是平均速度远大于"真空管中施加于电子的速度",而且在很多情况下,几近达到了光速。镭以不同的速度发射粒子流的性质后来被 W. 考夫曼[19]应用于测定 β 粒子的质量因速度的不同而发生的变化。J. J. 汤姆逊在 1887 年已经说明带电体因运动而拥有电磁质量。O. 海威赛德、瑟尔、M. 亚伯拉罕等人进一步发展了该理论。

运动电荷所起的作用与电流相似,围绕运动电荷产生磁场并随电荷一起运动。磁场能量贮存在带电体周围的介质中,因此,该带电体比未带电时拥有更大的表观质量。根据理论可知,这个额外的电磁质量在带电体运动速度较小时应该是常数,但是当运动速度达到光速时,该值应该迅速增大。

W. 考夫曼从他的实验中发现,电子的表观质量不会因速度而改变,而当速度达到光速时该表观质量则迅速增大。通过理论与实验相比较,他得出的结论是,β 粒子的表观质量完全源自电磁的因素,所以无须假设存在一个用于分布电荷的实体核。

W. 考夫曼得出的结论非常重要,因为它间接为质量的起源提供了一个可能的解释,而质量的起源在科学界一直是一个谜。如果运动电荷准确模拟了机械质量的性质,则物质的质量普遍而言可能是起源于电,即起源于组成物质分子的电子运动的结果。这样的观点是很有意义的启示性说法,而且目前只能将其视为一种合理性猜测。

1900 年,P. 勒 U. 维拉德[20]发现镭除了发射 α 射线和 β 射线,还发射第三种类型的射线,如今称为 γ 射线,这种射线的极具穿透力。该射线在磁场或电场中不发生偏转,而是表现为一种穿透性的 X 射线,是伴随镭的 β 粒子而发射的。后来科学家也在钍、铀和钸中观察到这种射线的存在。

与此同时,α 射线的重要性质也越来越多地被人们发现。一方面,α 射线不拥有很强的穿透力,它们通过几厘米的空气和几张金属箔纸后就会停止;另一方面,它们在气体中产生的电离作用比 β 射线和 γ 射线大得多,从放射体中发射的能量大部分以这种射线形式存在。它们起初被认为在磁场中不发生偏转,但是 1902 年,卢瑟福[21]经实验表明它们在磁场和电场中会发生可测量程度的偏转。偏转的方向与 β 粒子相反,说明它们携带了正电而不是负电。

从射线在磁场和电场偏转的测量结果来看,镭的 α 射线发射速度是光速的十分之一,α 粒子的质量约为氢原子的两倍。这样一来,镭发射的 α 射线便是由发射速度非常大的物质原子流所组成的。后面会讲我们有根据相信 α 粒子是氦原子。镭的主要射线因此具有微粒子特征,是由正负粒子流组成的。

1903 年,W. 克鲁克斯爵士[22]、J. 埃尔斯特以及 H. 盖特尔[23]分别独立观察到了 α 射线的一个非常有趣的特性:镭或其他强放射性物质发射的 α 射线能在硫化锌晶体(西多特闪锌矿)表面产生磷光。用透镜检查发光表面则发现光亮并非均一性的,而是由诸多光线亮点组成,并且一个亮点跟随着另一个亮点,不规则却接连不断地连续在一起。这些"闪烁"可能间接源自于大量 α 粒子轰击硫化锌晶体表面所产生的结果,但是对这一惊人的现象,科学家们还没有最终确切的解释。

同一时期,钍和镭所发生的复杂转变过程也越来越清晰。卢瑟福[24]在 1900 年 1 月与 2 月期《哲学杂志》中曾经阐明,钍除了放射出 α 和 β 粒子之外,还连续发射出一种放射的物质或气体。镭和锕两种元素也展现出类似的特性。这些放射的物质由气体放射性物质组成,因而称为射气,该物质的放射能力衰减得很快。从钍、镭和锕的射气放射性失活速率的差别上能够很容易将三种射气区分开来。锕和钍的射气寿命非常短暂,锕射气在 3.9 秒时失去一半放射性,而钍射气在 54 秒时失去一半放射性,即两种射气半衰期分别为 3.9 秒和 54 秒。另一方面,镭射气寿命却要持久得多,大约需要 4 天它的放射性才会衰减至原值的一半,即镭射气的半衰期大约是 4 天。

大约在同一时间,科学家们发现了镭和钍具有另一个不同寻常的作用。居里夫人[25]发现,置于镭盐附近的所有物体都会暂时出现放射性。卢瑟福本人也独立观察到了钍具有类似的特性并将这一发现发表在《哲学杂志》上。[26]镭和钍对靠近它们的物体能产生"激发"或者"诱导"作用,这与镭和钍的射气有直接的关系。射气是一种不稳定的物质,它可转变为非气体类型的物质并沉积在其周围物体的表面。

1903 年,皮埃尔·居里和 M. A. 拉波尔德观察到了镭的另一个惊人特性。[27]他们观察到一个镭化合物会连续辐射热量,而每小时辐射的热量足以让比镭化合物自身重量还大的冰发生融化。由于这个原因,镭物质总是保持比周围环境空气更高的温度。镭快速辐射热量的性质直接与它的放射性有关,以后会向大家说明,这主要是由其自身发射的 α 粒子轰击镭物质自身所致。

通过以上对放射性物体所展现的重要性质的简洁回顾可以看出，放射性物质中发生的过程是非常复杂的。举例来说，在镭的化合物中，有 α 粒子和 β 粒子的快速排出，同时伴随着 γ 射线的产生、热量的快速辐射、射气的连续产生以及放射性淀质的形成和放射性淀质引起的"激发"放射性。

由于卢瑟福和 F. 索迪[28]的一个重要发现才使得科学家们能够清晰地理解放射性物体发生的各种过程之间的联系。这个重要发现就是放射性非常强的物质，叫做钍 X，它可以经一步简单的化学操作而从钍中分离出来。据观察，钍 X 会瞬间失掉放射活性，而将 ThX 从钍中分离出后剩余的钍又会自发产生新的 ThX。在一个处于放射性平衡的钍物质中，ThX 的增长和衰变两个过程是同时进行的，当 ThX 的产生速率与其自身的衰变速率相等时，ThX 的存在量便达到常数。据观察，钍的"射气"由 ThX 直接产生，而反过来钍射气又导致放射性淀质的产生，形成激发放射性现象。

上文已指明放射性质是属于原子层面的，因此，它必定是发生在原子中的过程而不是分子中的过程。为了能够解释所观察到的结果，卢瑟福和 F. 索迪提出了一个理论，称为"裂变理论"。该理论假定放射体的原子是不稳定的，每秒钟有固定比例的原子变得不稳定并发生爆炸性裂变，该裂变过程通常伴随释放一个 α 粒子或一个 β 粒子，或者两者同时被释放。剩余的原子由于失去一个 α 粒子，质量比原来减轻，于是便成了一个新物质的原子，该新物质在化学性质和物理性质方面与母体原子完全不同。以钍为例，假定 ThX 原子由钍原子减去一个 α 粒子组成。ThX 不稳定并以一定的速率裂变并释放出另一个 α 粒子。剩余的 ThX 原子则成了钍射气原子，该射气原子进一步发生一系列裂变。

卢瑟福和 F. 索迪提出的裂变理论不仅能圆满解释钍发生的衰变过程，还能解释其他所有放射体发生的衰变过程。基于这个理论观点，放射性物质正在进行自发性衰变，衰变过程形成若干新的物质，这些新物质不稳定且有一定的生存期限。射线伴随着衰变并因原子内部发生爆炸性扰动而产生。

裂变理论在解释放射体长久持续的能量发射时,并没有给已有理论带来根本性难题,而且与能量守恒原理一致。在每一个转变阶段,物质以原子能量的形式发生丢失,所放射出的能量来源于原子内部贮存的能量。科学家认为,原子由若干带电粒子组成,它们处于快速振荡或轨道运动中因而蕴含着巨大的能量。其中一部分能量属于动能而另一部分属于势能,这些能量源自带电粒子凝聚于体积微小的原子内部。原子的这种潜在能量通常不会表现出来,因为我们所能控制的化学力和物理力都不足以破坏原子内部。然而原子的部分能量在放射性转变中释放,原子本身则经受分裂并以极高的速度释放出其中一个带电粒子。

在将放射性物质所表现的各种现象之间联系起来方面,裂变理论发挥了巨大作用。在很多情况下,该理论为实验事实提供了定性和定量的解释,而且为解决相关问题提供了新的思路。

除了辅助跟踪放射元素中发生的一系列转变之外,该理论还有助于说明镭产自铀,而且放射铅和放射碲中的放射性组分也是镭衰变的结果。

将裂变理论应用于剖析发生在镭、钍和锕的一系列复杂的转变过程将会形成本论著的主题。

W. 拉姆塞和 F. 索迪[29]出色的研究结果为裂变理论提供了强有力支持。据他们观察,稀有气体氦是镭的射气产生的。这个观察结果本身便是原子裂变的明确证据,镭内部确实有物质的转变发生,产物之一就是惰性的氦气。

以后我们会知道,该证据的重点直接指向镭发射的 α 粒子是氦原子这一结论。基于这个观点,每一个发射 α 射线的产物在其转变过程中都会产生氦。除了其他证据外,A. 德拜耳尼最近的观察结果也支持这一结论,据他观察,同镭可以从镭中产生一样,氦也可以从锕中产生。

通过以上回顾我们已经追溯了放射性科学领域知识发生发展的主线,

但是除了主线方向,放射性科学在其他方向也一直有着快速和重要的发展。

1901 年,J. 埃尔斯特和 H. 盖特尔[30]表示放射性物质存在于大气中。以后的工作表明,大气的放射性主要是因为镭射气的存在,该射气从地球表面扩散进入大气。J. 埃尔斯特和 H. 盖特尔以及其他研究者对土壤、井水和泉水的放射性进行了广泛的考察,考察结果显示,在整个地壳和大气层中均存在广泛的小量放射性物质的扩散。很多研究者加入了这个崭新的探索领域,并且积累了大量有价值的数据。

我们知道,放射性元素表现出十分明显的放射性质,而同时已有的越来越多的证据表明普通的物质也拥有这个性质,只是放射性程度微乎其微,而在普通物质中观察到的放射性不能归因于极小量已知放射性元素的存在。我们可以通过极其灵敏的电学方法来检测能够使气体产生电离的放射物的存在,而这也使得普通物质放射性的探测成为可能。

如果还记得 1896 年最开始发现铀放射性以及 1898 年获得镭存在的首个证据,那我们便不难看出关于放射性这一复杂主题的知识发展有多么快!在这个领域,现在已经积累了大量的实验事实,这些事实彼此之间的联系已经通过一个简单的理论(裂变理论)解释得非常清楚了。放射性科学知识如此迅速的发展在科学历史中极少有可与之相比的,那么,我们会有极大兴趣知道促使知识迅速发展成为可能的影响因素是什么。

首先,肯定不是因为这个领域的工作者人数众多,因为直到去年或两年前,这个主题领域的研究者也仅有寥寥数名。事实上,该领域知识快速发展的主要原因在于该新领域开拓于非常有利的时机以及关于电通过气体的有关知识的快速扩展对该领域产生的影响。

关于这一点,如果有兴趣你会注意到,或许在一个世纪之前已经很巧合地发现了铀的放射性,因为需要做的只是将镭化合物暴露于金箔验电器的带电板上。M. 克拉普罗斯在 1789 年就指出了铀元素的存在,如果当时将镭置于一个带电验电器附近,是不可能错过发现它的放电性质的,而且不难推断出镭会发出一种射线,该射线能穿透普通光透不过的金属。有关进展或许会仅止于此,因为当时对于电和物质之间联系方面的知识还十分匮乏,远不足以使科学研究者对这样一种独特的性质产生很大兴趣。

然而也没有必要往回追溯至 1789 年来说明在同源的气体放电领域中,电学的发现对于放射性学科快速发展的重要影响。哪怕放射性的发现仅仅早了十年,其进展也一定比现在慢得多而且会非常谨慎。那个时候,科学家甚至都没有思考过有能够穿透不透光物质的射线存在的可能性,而阴极射线的真正本质还只能靠猜测。我们现在已经知道的放射性物质的放射特征,也只能通过一系列漫长的实验室研究推断得出,因为实验者不仅没有任何类似物作为指南,而且他必须在困难的条件下从零开始找出有关问题的解决方法,同时必须详细考察射线的放电作用本质,因为最重要的放射性测量方法正是基于射线的放电作用。

我们研究一下放射性这一主题在当时的实际发展过程中的现有条件。我们已经看到,通过气体的导电机制主要是通过研究暴露于 X 射线的气体导电性以及真空管放电研究发展起来的。将气体导电机制研究所获得的知识直接应用于放射性物质的射线产生的电离作用,并作为放射性分析的电学方法测量的基础,电学方法已经成为进行快速放射性分析的定量手段。当发现镭的 β 射线在磁场中与阴极射线相同的方式发生偏转时,仅需要采用科学界已经熟悉的方法证明两者是同一种物质即可。类似地,将非偏转性的 γ 射线行为直接与已知的 X 射线性质相类比,而发现 α 射线在某些方面与 E. 戈尔德斯坦的阳极射线类似,W. 维恩曾表示,阳极射线在磁场和电场中会发生偏转。

电离理论对放射性学科发展的影响在其他方向同样有显著体现。离子携带电荷的测定在放射性过程的量级测定中一直发挥着最大的作用。这些数据对于测定镭发射的 α 粒子数和 β 粒子数以及估计发射的射气和氦气的可能数量方面也具有很大价值。类似计算使得我们能够在一定程度上确定镭和其他放射体的裂变速率,同时能够让我们提前确定许多物理量和化学量的量级,这样便间接帮助我们寻找研究或解决已经出现的各种问题所需要的方法。

镭射气产生氦气的发现说明了放射性历史中各重要事件的幸运结合。氦气这种稀有气体拥有一段戏剧性的历史:它的存在首先是被P. 勒 J. C. 詹森和 N. 洛克耶于 1868 年在太阳下观察到的,但是直到 1895 年 W. 拉姆塞才在稀有克里维特矿中再次观察到它的存在。对其物理性质和化学性质的研究几乎还没有完成,这时在裂变理论指导下,W. 拉姆塞和 F. 索迪便对镭释放出的气体进行了研究,并发现氦气是镭的衰变产物。如果不是在很短时间内就发现氦气存在于放射性矿物中,那么可以肯定地说,镭这种产生氦气的超常性质还会隐藏很长时间。

电离理论对于扩展我们的放射性科学知识发挥着突出作用,然而对于两者而言并非完全只有放射性的单向受益,因为放射性研究的结果对于电离理论的扩展和确认也起了很大协助作用。放射性科学为实验者提供了稳定的强大电离辐射源以代替像 X 射线这样的易变辐射源,而该稳定的辐射源为准确数据的获得起到了重要作用。此外,W. 考夫曼对镭的 β 粒子质量随速度的变化而变化的研究结果是证实和扩展我们的电子论概念的重要因素之一。

这种例子可以举出很多,我们也已经充分举例说明了这两种截然不同的研究路线之间已经存在且仍然存在的紧密联系。以及彼此对对方发展的相互影响。

1.2 放射体射线

下面简单总结从放射体发射的 α 射线、β 射线和 γ 射线的主要性质和本质。所有三种类型的射线均拥有使照相底片感光、在某些物质中激发磷光、使带电体放电的共同特性,但也可从其穿透力和磁场或电场对它们产生的作用不同而将他们区分开来。α 射线可被 0.05 毫米厚的铝层完全阻断,较

强的 β 射线被 5 厘米厚的铝层阻断,而要完全吸收 γ 射线则需至少 50 厘米厚的铝层。因而三种射线的相对穿透力比值为 1:100:1000。但我们需要明白该比值只是一个平均值,因为每种类型的放射产物都是非常复杂的,可以包含不止一种射线,而不同射线被物质吸收的程度不均等。

α 射线由正电粒子组成,粒子发射速度约为 2 万英里每秒。α 粒子的表观质量大约为氢原子质量的两倍。尽管这些射线的磁偏转目前只在放射性物质如镭和钍中观察到,但毫无疑问的是,从其他放射体发射的 α 射线本质上类似。

β 射线由负电粒子组成,发射速度极快。它的表观质量大约等于氢原子的质量的千分之一,除了与真空管中释放的阴极射线粒子速度不同以外,其他方面两者则完全相同。

对于镭而言,β 粒子发射的速度范围很宽,最大速度接近光速。铀、钍和锕也可发射 β 粒子。

γ 射线不会在磁场或电场中发生偏转,总体性质上类似于在硬真空管中产生的穿透力极强的 X 射线。据目前的观点,必须将 γ 射线看作一种运动的以太波,该以太波可能由因排出粒子而产生的脉冲所组成。只有那些发射 β 射线的放射性物质才产生 γ 射线。γ 射线可从铀、钍、镭和锕发射,但是从铀和锕发射的 γ 射线不像从钍和镭发射的 γ 射线那样具有极强的穿透力。

在这三种类型的主要射线中,不管哪一种射线照射到物质上,均会产生次级射线。对于 α 射线而言,次级放射包括携带负电的粒子(电子),其发射速度与 β 粒子本身相比小得多。从 β 射线和 γ 射线产生的次级射线中部分为电子,且发射速度较大。这些次级射线反过来产生三级射线,以此类推。

如果将一强磁场垂直施加于一束 α、β 和 γ 射线,三种射线则会在磁场作用下彼此分开。如图 1.1 所示,图中磁场作用向下,垂直于纸平面。由于磁场作用,β 射线弯向右,α 射线弯向左,而 γ 射线不受影响。β 射线由速度不同的粒子组成,因而其圆形运动轨迹曲率半径不同。与 β 射线的磁偏转相比,α 射线的偏转在图中明显大得多。

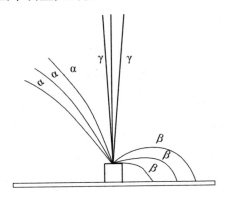

图 1.1　镭射线在磁场作用下的分离

α 粒子和 β 粒子的平均相对质量、速度和动能如图 1.2 所示,其中球形体积大小代表质量和能量大小,直线长短代表速度大小。

从图 1.2 示可以看出,尽管 β 粒子比 α 粒子平均速度高得多,但是考虑到 β 粒子的质量很小,所以它的平均动能比 α 粒子小得多。这个结果是与观察到的 α 粒子产生的电离作用和热效应比 β 粒子大得多这一结果相一致的。

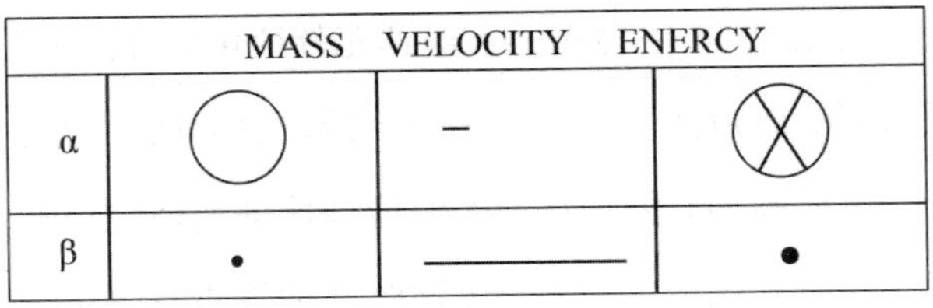

	MASS	VELOCITY	ENERCY
α	◯	—	⊗
β	·	——	●

图 1.2　α 粒子和 β 粒子质量、速度和动能大小比较

作者卢瑟福最近也曾表示,1 克处于放射平衡的镭每秒大约发射 7×10^{10} 个 β 粒子和大约 2.5×10^{11} 个 α 粒子。也就是说,镭每发射 1 个 β 粒子则会排出 4 个 α 粒子。

1.3　放射性物质

以下给出一系列目前已分离出的放射性物质,并对放射产物的本质以及是否存在射气作了注释。射气的"周期(衰期)"代表放射性活度降至一半所需要的时间。

铀:α、β 和 γ 射线,无射气。

钍:α、β 和 γ 射线;一种射气,周期 54 秒。

镭:α、β 和 γ 射线;一种射气,周期 3.8 天。

锕和锗:α、β 和 γ 射线;一种射气,周期 3.9 秒。

钋和放射碲:仅 α 射线,无射气。

放射铅(制备一段时间后):α、β 和 γ 射线,但无射气。

以上这些物质只有钋外放射性会持续很长时间。此外,每一种放射元素均可产生若干放射性产物(具有相对较短的放射周期)这些产物本质上与周期持久的放射性物质具有同等重要性,也应该被称为元素。由于它们的快速衰变,它们以仅极小的含量存在于沥青铀矿中,因而不可能得到足够的量来用普通的化学方法对其进行研究。钋和放射碲含有相同的放射性组分,与其他放射性物质不同,它们仅发射 α 粒子。它们的寿命位于衰变快速的物质(如射气)和衰变非常缓慢的物质(如镭)之间。放射碲的放射性半衰期大约为 140 天,而镭的半衰期大约为 1300 天。

除了铀、钍和镭之外,其他物质都未得到充分纯化的样品来测定其原子量或原子光谱。但是,锕的放射性似乎至少和镭一样。后面的内容也会说明,若以相同质量进行对比,放射碲和放射铅在纯态时应该比镭放射性更强。

对于给定的发射 α 粒子的物质,其放射性活度取决于每秒发射的 α 粒子数,在相等质量下,活度与该物质的"周期"成反比。例如,锕射气的周期为 3.9 秒,则同等质量下,其放射性活度必定是镭放射性活度的至少 10 亿倍。正是由于锕射气等的巨大放射活性从而导致快速衰变,所以不可能获得足够的该类物质对其进行化学分析。只有较缓慢衰变的物质像镭、放射铅、放射碲才能在沥青铀矿中收集到足够的粗品以进行化学分离得到可观的目标物。

后面的内容也会说明,从铀、镭、钍、和锕发射的放射产物中只有一部分是由初级（或原始）放射性物质本身产生的。在所有情况下这些衰变产物的再次衰变都会发射 β 射线和 γ 射线，它们与母体物质混合并增加至母体物质的放射产物中。

1.4 测定方法

放射性物质发射的射线有三个普遍性质均可被运用于该放射性物质放射性活度的测定，包括并取决于①射线对照片底板的感光作用；②在一定晶体物质上激发产生的磷光；③射线在气体中的电离作用。在这些测量方法当中，磷光法仅仅局限于像镭、锕和钍这样的物质，它们均可发射高强度的射线。α 射线、β 射线和 γ 射线都能在铂氰化物和硅锌矿（锌硅酸盐）中产生显著的发光性。矿物紫锂辉石主要对 β 和 γ 射线有响应，而西多特闪锌矿主要对 α 射线有响应。除此之外，还有很多物质能或多或少被射线激发而产生微弱的发光性。α 射线在均匀覆盖硫化锌的屏幕上产生闪烁的性质是十分有趣的现象，或许可以通过这种方法来检测具有微弱放射性的物质所发射的 α 射线，像铀、钍和沥青铀矿。硫化锌屏幕曾作为光学方法被用来演示镭射气和锕射气的存在。整体而言，尽管作为一种光学手段来考察射线非常有趣，但磷光法应用于放射性活度测定具有很大局限性而且只能做粗略定量。

在早期的放射性科学发展中，照相底板感光的方法起着非常重要的作用，但是后来逐渐被电学方法取代。一方面，电学方法作为定量测定的方法取代感光法也变得越来越有必要，尤其在确定射线在磁场和电场中的路径曲线曲率中很有应用价值。另一方面，感光法不方便于定量比较且应用十分有限。对于仅具有微弱放射性的物质比如铀和钍，则有必要用这些物质长时间照射底板才能产生感光作用。感光法不能用于跟踪放射性活度的快速变化，而很多放射性物质的活度均具有快速变化的特点，由于感光法的灵敏性不足，不能检测射线的存在，但这些射线的存在很容易通过电学方法检测到。

放射性科学的发展很大程度上依赖于电学测量方法,该方法适用范围广,且在灵敏度方面远胜于其他两种方法。电学方法便于进行快速定量测定,可以应用于所有具有电离作用的辐射类型。

正如我们所见,这种方法基于α射线、β射线和γ射线在射线粒子穿越的气体中产生携带电荷的载体或离子这一性质。假设将放射性物质薄层比

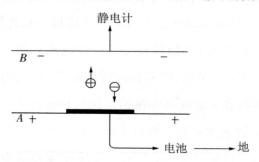

图 1.3　电学方法示意图

如铀置于两个绝缘平行板A和B中位置较低的板上(如图1.3所示)。两板之间的气体被射线粒子以恒速电离,结果导致气体中分布正负离子。如果无电场作用,离子数不会无限制增加,而是很快达到最大值,这时射线粒子产生的新离子正好补偿正负离子的结合数。当正负离子在运动过程中出现在彼此吸引的领域时,显然会倾向于发生正负离子的结合。现在假设A板保持恒定电势V,则初始电势为零的B板获得电荷的速率可通过合适的仪器来测定,比如象限静电计。

在电场作用下,正离子运动至负带电板而负离子运动至正带电板。结果在气体中产生电流,B板及其与之连接处获得正电荷。B板电势升高的速率可相对衡量穿过气体的电流的大小。当V值较小时,电流也较小,但电流逐渐随电势V升高而升高,直至达到一种状态,即电势V的巨大升高只能引起电流的稍微升高。电流与施加电压之间的关系如图1.4所示。曲线的形状可用电离理论简单解释。离子运动速度与电场强度成正比。在弱电场中正负离子以缓慢的速度反向运动。在它们到达电极之前,大部分的离

子有时间进行结合,观察到的气体电流因而很小。当电压增高时,离子的速度增加,正负离子结合的时间减少。最终,在强电场中实际上所有的离子来不及结合已经被扫向两侧的电极板。通过气体的最大或"饱和"电流成为由射线粒子每秒产生的离子携带电荷的衡量,即离子产生总速率的衡量。

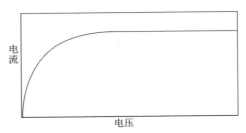

图 1.4　电离气体的典型饱和曲线

"饱和"一词起初应用于类比电流——电压曲线与磁铁的磁场化曲线的相似性,虽然不是很合适,却成为一个虽不够准确但十分方便的用来表达实验性事实的方法。

其他条件相同的情况下,产生饱和电流所需电压随电离作用强度而增加,也就是说,随被考察物质放射性活度的增强而增加。增加两板间的距离则降低电场强度数值并增加离子运动的距离。这两个条件均会使产生饱和电流所需要施加的外电压增加。

实验发现对于间距不超过 3 厘米或 4 厘米的平行板,如果使用放射性活度不超过铀活度 1000 倍的物质,则 300 伏特的外加电压已足够在板间产生近饱和的电流。而对于放射性极强的物质比如镭,为了产生饱和电流,需要两板紧贴在一起且需要施加很高的外电压。

用电学方法进行定量比较的基本条件取决于饱和电流的测量,因为饱和电流是所研究的一定量气体中每秒产生离子数的量度。

电学方法可用于准确比较发射相同射线而射线发射强度不同的物质之间的相对放射性活度。例如,它可以准确测定简单的放射性物质比如射气的失活速率。

除非考虑到其他因素,电学方法不能直接用于比较不同类型的相对放射强度。例如,在图 1.3 所示条件下,铀厚层发射的 α 射线、β 射线产生的相对饱和电流,不能作为两种射线放射强度的直接比较,因为由于两种射线穿透力的不同,α 射线更容易被吸收,所以在两板间产生离子过程中吸收的能量所占 β 射线总能量的比例小于同样情况下吸收的 α 射线能量所占 α 射线总能量的比例。在能够采用电离电流比较的方式来衡量两种类型射线相对能量之前,必须准确知道两种放射类型的相对穿透力和电离能力。不过,电学方法的主要应用范围在于测定仅发射一种类型射线的放射性物质活度的变化。在这方面,已证明电学方法具有了不起的巨大价值并已得出相当准确的结果。

人们探索了很多不同的方法测量放射产物产生的电离电流。如果所考察的是一个放射性极强的物质,灵敏型电流表可以用来测量饱和电流。稍微改进后的金箔验电器已被证明是一种准确、可靠的测量手段,且在放射性科学知识的发展中发挥了十分突出的作用。研究过程中科学研究者曾使用过各式各样经改进的仪器装置,卢瑟福发现其中一个装置应用于放射性活度的比较非常方便,如图 1.5。放射性物质置于下面的 A 板,A 板固定于滑动装置上以方便移出 A 板来放置放射性物质。B 板置于 A 板上方大约 3 厘米,B 板与 R 杆相连,R 杆由横杆 TT 牢固支撑于两个绝缘体硫杆 SS 上。铝箔或金箔与 R 杆的上端相连,当杆 C 与合适的电压相连时用于给验电器系统充电。借助带有微米标尺目镜的低倍显微镜透过玻璃或云母窗可以观察到金箔的移动。下面的 A 板和外箱 PP 与地连接。

通过适当调节金箔叶的长度和边界位置,金箔叶滑过目镜中标尺对应的一定刻度范围所需要的时间可以在相当刻度范围内保持常数。将置于金属或其他导电容器中的放射性物质放置于 A 板上的既定位置。为验电器充电并观察金箔叶滑过固定刻度范围所需时间。必须对仪器的自然漏电进行校正,校正工作在放入放射性物质之前进行。仪器的自然漏电可能是由于硫支撑的轻微漏电，或更普遍讲是验电器壁的微弱放射性导致。所有物质都稍微具有放射性，该放射性通常会因镭和其他射气产生的放射污染而增加。200 伏特或 300 伏特的电压足够对验电器进行充电，这个电压可保证在大部分刻度范围内电流是饱和的，前提条件是放射性物质不会造成验电器还不到 2 分钟或 3 分钟便丢失电量。

采用这种方式可保证测量从容迅速进行，测量很容易便可达到 1% 的准确度，如果测量时加以小心，则测量的精确度可以更高。这种类型的装置最大优点是简单、轻便和相对容易搭建，如果再用稳定放射源比如铀进行标准化，则它将非常适合于测定发生缓慢衰变的放射性物质放射性活度随时间的变化。

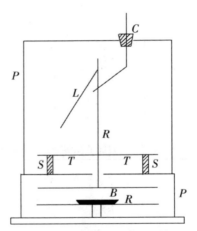

图 1.5　用于比较 α 射线放射性活度的简易验电器

C. T. R. 威尔逊首先对上述装置进行改装，并将改装后的仪器用于测量极其微弱的电离电流。该测量仪器的构建如图 1.5 所示。

一个干净的金属容器，最好由黄铜制成，容量大约 1 升，金箔叶 L 连接于 R 杆，内置硫或琥珀珠 S 绝缘。通过可移动的 C 杆或一个磁装置给仪器充电。充电后，上杆 P 与仪器箱和地相连。在特殊情况下，如果测量的是极其微弱的电流，P 杆保持与电势稍高于验电器系统的电势源相连。这样可以确保电荷不会通过硫支撑泄漏。

与以前一样,用带有测微计目镜的显微镜观察到了金箔叶的移动。这个仪器的最大优势在于装置可以密闭。在仪器密闭状态下观察到的泄漏率必定完全由于容器内部的电离作用造成而与外部的静电干扰无关。

这种仪器非常适合于比较 β 射线和 γ 射线的放射性活度。对于 β 射线的测量,将验电器的底座去掉,换成铝箔纸,厚度大约为 0.1 毫米,这可完全阻止 α 射线,但允许 β 射线通过而几乎不被吸收。对于 γ 射线的测量,将容器置于厚约 5 毫米的铅板上,放射性物质置于铅板下面。β 射线完全被该厚度的铅吸收,则容器的电离作用仅归结于更具穿透力的 γ 射线。

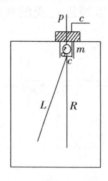

图 1.6　用于比较 β 和 γ 射线放射性活度和测量极微弱放射性的验电器

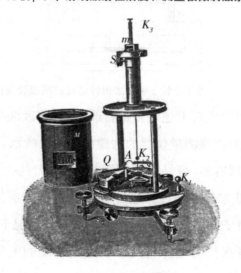

图 1.7　象限静电计

最方便的通用测量手段依赖于象限静电计的使用。多尔查累克设计了一种非常方便、实用的静电计应用于放射性和其他方面的研究工作。该类型仪器的基本构建如图 1.7 所示。

静电计的四个象限固定于琥珀或硫支撑上。一个很轻的由银纸做成的指针 N 悬挂于纤细的石英纤维丝或磷青铜丝上。将指针充电至电势为 100～300V。如果用石英悬挂,可以将指针的金属支撑端轻轻与连接于电源的金属丝接触。使用很细的磷一青铜丝悬挂有时会更加方便。然后将指针直接与电池的一端～连接而电池的另一极接地以使电池电势保持常数。通过使用纤细的石英纤维丝悬挂,则仪器可以达到非常高的灵敏度,灵敏度即指在象限间应用 1 伏特电势差的情况下,光点在标尺上通过的毫米刻度数。10000 毫米刻度每伏特的灵敏度并不少见。但是除非要测量的是非常微小的电流,否则并不建议使用大于 1000 毫米刻度每伏特的灵敏度,通常 200 毫米刻度的灵敏度就足够了。

象限静电计基本上是用于测量导体电势的仪器,但也可间接用于放射性科学中电离电流的测量。静电计及其连接部件的电容量随指针的移动而基本保持常数,光点在标尺上的移动速率是对静电计系统电势增高速率的度量。可利用这一点测量测试容器中电极间产生的电离电流。

测量装置的大体摆放如图 1.8 所示。将放射物置于两平行绝缘板 A 和 B 中下面的 A 板。A 板与具有合适电势的电池一端相连,B 板通过一个钥匙 K 与静电计的一对象限相连。不使用时,钥匙与象限及其接地部件相连。需要进行测量时,通过某种机械或电磁装置将接地连接平静、迅速地切断。板 B 及其连接部件的电势升高由光点在标尺上的移动指示,从而可观察到光点在标尺上移动一定距离所需要的时间,而光点每秒通过的刻度数则可用于比较通过气体的电离电流的大小。

如果因光点移动太快而不能准确观察时,可在静电计系统中增加气体或云母电容器以增加电容量,这样光点的运动速率将被降至所需要的大小。

以这种方式进行测量,可以在很大范围内轻松比较物质的放射性活度。可测量的电流量级大小仅受限于电容器电容量的大小和电池的电压值,它们必须足以在测试容器中产生饱和电流。

利用验电器和静电计比较放射性活度有赖于运动系统的角运动速率。通过合适的摆放,静电计可以用作直接的电流测量读数仪,测量方式与电流表一样。

假设静电计系统通过高电阻接地,这符合欧姆定律。当静电计象限与地的连接断开时,B 板(如图 1.8 所示)电势开始升高直至对 B 板的电供应正好弥补通过高电阻的放电损失。由于静电计指针的偏转正比于施加的外电压值,光点会由静止移动至一个稳定的位置,指针所经历的位置偏转正比于测试容器中产生的电离电流的大小。

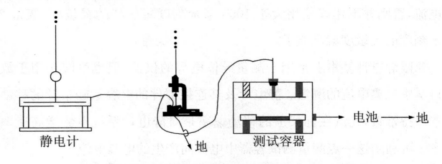

图 1.8 用于比较放射性活度的静电计使用方法

要利用这个特点进行测量,所用电阻数量级必须为 10^{11} 欧姆。该方法的主要缺点是很难在获得具备该特点同时不会发生极化而又符合欧姆定律的合适电阻。卢瑟福实验室的布朗森博士[32]曾利用该测量原理进行了某些实验。

这样的装置尤其适合于准确跟踪放射性活度的快速变化。指针偏转不依赖于静电计及其连接部件的电容量,可以实现较大范围内的快速准确测量。

一些类型的测试容器适合于采用静电计法来比较放射性活度,如图 1.9 和图 1.10 所示。

放射物置于密闭容器中两平行板 A、B 中下面的 A 板上(图 9)。绝缘板

B 通过硬橡胶杆与装置箱接触,装置箱接地,这样可以避免电荷从电池至 B 板的直接传导泄漏。

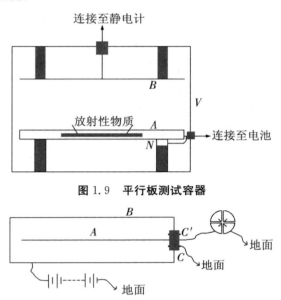

图 1.9　平行板测试容器

图 1.10　带有护圈的柱形测试容器用于比较金属线或杆上沉积物的放射性活度

图 1.10 是一个柱形测试容器 B,适合于金属线或杆上获得的激发放射性活度比较。内部放射性电极 A 穿过硬橡胶圈。穿过硬橡胶圈的电传导泄漏可通过应用护圈得以避免,与地相连的金属柱 CC' 将硬橡胶圈分成两部分。这种情况下,硬橡胶圈仅需为引起适当静电计指针偏转而需要的较小电势升高进行充分绝缘。在任何情况下都应该使用护圈,以便消除绝缘体表面可能出现的传导电流。

像图 1.10 所示的这种装置非常适合于测定传至柱形电极的激发放射性的衰减曲线。以及测定引入柱形装置的射气的放射性活度的衰减。

电学方法是一个用于检测微量放射物质存在与否的极其灵敏的测试手段。可以通过一个简单的实验来说明这一点。取 1 毫克的溴化镭溶于 100 毫升水中。充分溶解后,取 1 毫升该溶液加入 99 毫升水。取 1 毫升所得稀释溶液则含有 10^{-7} 克的溴化镭,如果将这份溶液放入金属容器中蒸干,将这些微量镭靠近验电器盖附近时,则它所拥有的放射性足以引起验电器的极快速放电,就像是图 2.1(第二章 2.1)中所演示的一样。如果将镭覆盖的板置于验电器盖上,则验电器的金属箔叶上电荷的保留时间不会超过几秒钟。

如果使用一个有电荷微小自然泄漏的验电器,则可以通过观察金箔叶运动速率的增加而轻易检测到 10^{-11} 克镭的存在。

可以用图 1.6 所示类型的验电器准确测量极微弱的电流。例如,据库克观察,在一个经处理干净容积大约为 1 升的黄铜容器中,由于验电器内部自然的空气电离作用而导致的电势下降大约是每小时 6 伏特。金箔系统的电容大约是 1 个静电单位。电流等于电容乘以每秒电势的下降值,即

$$电流 = \frac{1 \times 6}{3600 \times 300} = 5.6 \times 10^{-6}(静电单位)$$

$$= 1.9 \times 10^{-15}(安培)$$

如果采取谨慎的测量措施,则可通过这种方法准确测得 1/10 上述数值的放电速率。

在验电器中产生的离子数可以很容易演算出来。J. J. 汤姆逊发现一个离子携带的电荷为 3.4×10^{-10} 静电单位或 1.3×10^{-19} 库伦。则空气中每秒产生的离子数为:

$$\frac{1.9 \times 10^{-15}}{1.13 \times 10^{-19}} = 17000$$

假设在整个气体体积内电离作用均匀一致,则该数值对应于在容积为 1 升的容器内,每毫升空气每秒产生 17 个离子。

以下的章节会讲到,平均而言 α 粒子在电离作用停止之前在其运动路径上能够产生大约 10 万个离子。我们由此可以看出,电学方法能够检测平均每秒排放出一个 α 粒子的放射性物质产生的电离作用;或者换句话说,电学方法可用于检测原子衰变速率为 1(每秒 1 个原子发生衰变)的物质的衰变。

对于放射性物质的检测,电学方法在灵敏度方面远远优于光谱仪法。由于这个原因,我们能够检测以极微量混合存在于非放射性物质中的放射性物质,比如微量镭的检测。因为这种方法的灵敏度极高,以至在几乎考察的每一个物质中均观察到了极微量镭的存在。

第二章

放射钍

2.1 钍的放射性衰变

在第一章我们简单回顾了放射性物体拥有的一些重要性质,并简短描述了放射性物理量的测量方法。在本章和后面的章节中,我们将对放射性物质发生的放射过程和为了解释放射过程而提出的理论进行更加详细的分析。在随后的大部分章节中,我们会将镭作为典型放射性元素进行放射性质的讨论,不过由于镭发生的衰变过程非常多,也十分复杂,所以在此之前我们最好还是先考虑一个相对简单的情况,然后再逐渐讨论更加复杂的情况。

所以,在此我们首先考虑钍发生的一系列转变,对物质钍需要进行的分析与镭相比要简单得多。这样我们便能够将注意力集中在主要的现象上,而不会被过多的细节干扰。一旦弄清楚了普遍性原理,将它们应用于更加复杂的镭的转变过程相信不会给我们的理解带来太多额外的难度。

以钍作为放射性主题讨论的开篇也具有一定的历史渊源,因为是在考察钍发生的衰变过程时首先概述了放射性的裂变理论,这一理论后来成了解释放射现象的基础理论。

相同质量的钍与铀的相应化合物具有大约相等的放射性,与铀一样,钍也发射 α、β 和 γ 射线。但是我们从第一章的讲述中已经知道,钍与铀不同之处是除了发射上述三种类型的射线,钍还发射"射气"(放射性气体)。钍这种发射挥发性放射物质的性质可以通过一个简易实验装置来说明,如图2.1所示。

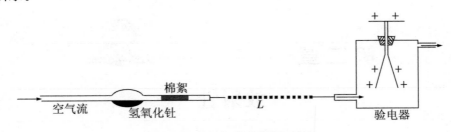

图 2.1　钍射气的放电能力检查

一个玻璃管 A 中装有大约 50 克氧化钍,或者最好使用氢氧化钍,因为后者比氧化钍更容易释放射气。A 与一个窄口细管 L 相连,L 管长约 1 米,与 L 管一端相连的是绝缘性能很好的验电器。在给验电器充电时,金箔叶聚拢得非常缓慢,因为这时的钍化合物对验电器内的气体没有明显的电离作用。如果让储气袋或储气罐中的气流缓慢,稳定通过钍化合物,在一定时间段内没有观察到验电器内发生电离作用,这个时间段就是气流从 A 点进入验电器所需的时间。该时间段过后很快就看到金箔叶快速聚拢,叶片运动速率增长持续了几分钟。验电器放电是由于被稳定气流带至验电器内的钍射气对验电器内空气产生电离作用所致。停止通气,则可看到金箔叶聚拢速率稳步下降,在大约 1 分钟后降至一半,或者更准确地说,54 秒后运动速率降至一半。大约 5 分钟之后,射气的电离作用几乎看不到了。射气自身按照指数规律失去放射活性。在最初的 54 秒钟,放射性活度减至一半;在 2×54 秒,即 108 秒,放射性活度减至 1/4,在 162 秒减至 1/8,以此类推。钍射气的这种放射性活度衰减速率是它的特征性质,可作为明确区分钍射气和镭射气或锕射气的一种物理方法,三种射气之间的衰减速率差别非常大。

尽管从 1 千克钍化合物中释放的射气量极其微小,既检测不到体积也检测不到质量,然而用于检测射气存在的电学方法由于灵敏度极高,因此可以仅用几毫克的钍化合物便可以检测出钍射气的存在。

　　从给定量的钍物质中释放至空气中的射气量因所用钍化合物的不同而有巨大变化。例如，氢氧化钍很容易释放射气，但是硝酸钍则仅轻微释放射气。卢瑟福和 F. 索迪[33]对钍化合物的这种"射气发出能力"进行了详细的考察，射气发出能力是指给定质量的物质每秒释放进空气中的射气的量。他们发现这,种射气发出能力受物理和化学条件的影响。在有一定湿度条件下和温度升高至炽热状态时，钍化合物的射气发出能力会增高。而在许多情况下，当温度降低至－80℃时，其射气发出能力的削弱会相当厉害。但是，所有钍化合物在溶液中自由发出射气的程度相等。这一点可以通过向溶液中吹入气流而部分射气与空气的混合气体逃逸出溶液的实验来证明。卢瑟福和 F. 索迪表示，在不同条件下射气发出能力的巨大差异不是由于不同情况下射气产生的速率不同，而仅仅是因为射气逃离至空气中的速率不同。由于钍射气在几分钟内会失去它的大部分放射活性，所以任何可延迟它从固体孔中逃离的措施都会显著改变钍化合物的射气发出能力。于是他们得出，对于同等质量的钍元素，所有钍化合物每秒产生同等量的射气，但是它逃离至气体中的速率则在很大程度上取决于物理和化学条件。

　　我们现在简单地思考一下射气自身的化学本质，而暂时先不考虑产生该射气的物质。由于射气的释放量不显著，所以无法进行直接的化学检测，不过射气在气体中产生的导电性为射气的测量提供了非常简便的方法，可以根据这一点来检测射气在经历各种外来作用之后它的量是否会减少。例如，将射气缓慢通过处于白炽状态的铂金管后观察测试容器中产生的导电性是否有改变，而实际确实观察到导电性没有变化，因此，我们可以安全给出将射气暴露于白炽温度不会对射气产生影响的结论。采用这种方法卢瑟福和 F. 索迪发现，物理或化学作用不会对射气产生明显的影响。射气经受如此剧烈的处理后，除非它是类似于氩气——氦气这样的惰性族气体，否则同其他气体一样，不可能在这些处理过程中幸存而量未发生改变。因而可得出射气是化学惰性气体的结论，再加上射气没有既定的化学结合性质，所以它应该属于氩气——氦气族。

射气的物质本质也得到了事实上的强有力证实：它可以从与它混合的任何气体中通过极低温手段凝结出来。钍射气在大约－120℃时开始从空气中凝结。因此将与射气混合的气体缓慢通过浸在液态空气中的 U 型管时，射气可完全停止流动。从射气在空气和其他气体中的扩散速度上，可以推断出射气是具有较大分子量的气体。

我们已经知道射气按照指数规律迅速失去它的放射活性。如果为初始放射性活度，则任意时刻的放射性活度可以由下式表示：

$$\frac{I_1}{I_0} = e^{\lambda t}$$

其中入为常数，为纳氏对数的底数。因为放射性活度在大约 54 秒时降至一半，则：

$$\lambda = \frac{log_e 2}{54} = 0.128 (sec)^{-1}$$

钍射气的衰减曲线如图 2.2 所示。如果任意时刻放射性活度的对数与时间作图，则交点都落在直线上。为方便起见将起始放射性活度的对数值按 100 计算。

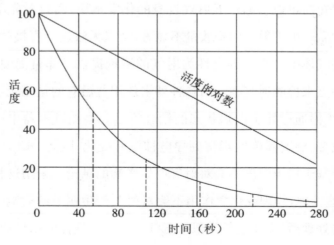

图 2.2　钍射气放射性活度的衰减

该值为射气的特征性常数,称为"衰变常数"。到目前观察为止,该值不依赖于物理或化学条件而存在。例如,射气在－186℃被液态空气凝结时的值与在正常条件下时的值相同。

所有单一的放射产物均按照指数规律失去放射活性,如果能用一个简单的术语来代表单一产物失去其一半的放射性活度所需的时间,则会使表达变得十分方便,鉴于此,将使用一个产物的"周期(半衰期)"来表达此物理意义以免赘述。

我们现在需要思考如何解释观察到的射气放射性的衰减规律。射气的放射性仅仅是暂时的表现性质,还是直接与射气本身的根本变化有关? 暂时先考虑一下放射性活度是如何测量的。射气仅发射 α 射线,而我们已经知道 α 射线是携带正电荷的粒子,发射速度约为每秒 2 万英里。在气体中观察到的电离作用是 α 粒子与其运动路径中的气体分子碰撞的结果。在通常条件下每一个 α 粒子产生的离子数是很大的,在某些情况下大概有 10 万之多。电学方法测得的放射性活度因而是用每秒从射气排出的 α 粒子数目来衡量。

α 粒子很显然是源自射气原子,而且确实很难避免得出以下结论,它们不是从静态发射而出,而是从原子逃离出来之前进行着高速运动的。可以计算出 α 粒子必须在电势差为大约 5 百万伏特的两点间自由运动以获得巨大的发射速度。

很难想象,任何机制不管是原子内部还是原子外部,能够使如此大质量的 α 粒子突然产生如此快速的运动。我们几乎不得不得出 α 粒子最开始已经在原子内高速运动且由于某种原因突然以其在原子体系内运动轨道所拥有的速度逃逸出来的结论。我们可以假设 α 粒子的排出是原子内部发生剧烈爆炸的结果。剩余的原子比原来减轻了,可以预见其物理性质和化学性质也会与母体原子不同。排出 α 粒子导致钍射气变成了另一个不同的物质,其行为表现为固体并可沉积在固体表面。我们会在后面讲到射气的这个分解产物,或者更确切说是裂变产物。

如果射气的每一个原子在裂变时排出一个 α 粒子,则观察到的放射性活度衰减规律可以由下式表示:

$$\frac{n_1}{n_0}=e^{-\lambda t}$$

其中为初始时每秒裂变的原子数目,为时刻裂变的原子数目,为衰变常数。如果发生裂变的原子排出两个或更多 α 粒子该等式同样适用。

为了简化可能的衰减规律,假设每个原子的裂变伴随发射一个 α 粒子,起始射气原子数必定等于射气在整个生命周期排出的 α 粒子总数。这个数值由下式给出:

$$N=\int_0^x n_1 dt=n_0 \int_0^x e^{-\lambda t}dt=\frac{n_0}{\gamma}$$

则时间后保持不变的原子数表示为

$$N=\int_0^x n_1 e^{-\lambda t}d=\frac{n_0}{\gamma}e^{-\lambda t}$$

则

$$\frac{n}{N_0}=e^{-\lambda t}$$

我们至此可得出一个重要结论:任意时刻未发生裂变的射气原子数的减少与其放射性活度的削减遵循完全相同的规律,或者说,射气的放射性活度直接正比于存在的射气原子数。

放射性物质衰变的指数规律与化学中观察到的所谓单分子变化即当两个相结合的物质之一以大比例存在的特殊情况完全相同。衰减常数不依赖于射气的浓度,这说明衰变只涉及一个变化体系。衰减常数不依赖于物理和化学条件的事实表明,衰变体系为原子本身而不是分子。

衰变常数具有特定的物理意义。我们从上面已得知:

$$N=N_0 e^{-\lambda t}$$

对时间求微分:

$$\frac{dN}{dt}=\lambda N$$

对于 54 秒后发生半数衰变的钍射气,衰变常数。例如,假设一个容器中最初含有 1 万个钍射气原子。在第一秒钟,平均有 128 个原子裂变。在 54 秒后,射气原子数还剩 5000,每秒裂变的原子数目为 64。在 108 秒后,剩余射气原子数为 2500,每秒裂变 32 个原子,以此类推。因而该值对于任何放射产物都具有特定和重要的物理意义。

我们花时间对观察到的射气放射性活度衰减规律做出了合理的物理学解释,因为到目前为止每一个放射产物都遵循同样的衰减规律,只是具有不同但特定的值,该值为每种类型放射性物质的特征性常数。因此若对放射性活度衰减给出一个同样的普遍性解释,则可将之直接应用于任何放射性产物。

2.2 钍的激发放射性

卢瑟福[34]已经提出,钍化合物除了发射三种类型的射线和一种射气之外,还拥有以下特别性质。任何物体在暴露于钍射气后也会变得具有放射活性——这个由"激发"或者"诱导"产生的放射性,正如其名字一样,不是永久性的,当把物体从存在射气的地方移走后物体所获得的放射性也会发生衰减。该物体获得的放射活性会大部分富集在强电场的负极。这一点可以通过将细金属丝 AB 暴露于密闭盒子 V 中的放射性钍化合物实验来说明(如图 2.3 所示)。

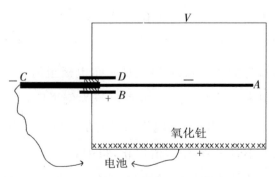

图 2.3　负电极上的激发放射性富集

当金属丝是暴露于射气的唯一负带电体时,金属丝就会变得极度具有放射性。如果将金属丝充上正电,则几乎看不到放射性。可以通过这种方式让细金属丝拥有比钍本身单位面积内高几百倍的放射性活度。该放射性是由金属丝上的放射物沉积导致的,可用一块布从金属丝上擦除这种沉积放射物,然后用强酸将沉积放射物溶解。如果将溶解有该沉积放射物的酸溶液在表面皿上蒸干,残留下的便是该沉积放射物。也可以通过将铂金丝暴露于赤热温度而将沉积放射物挥发掉。我们会在后面详细讲述这种"放射性淀质"(沉积放射物)的性质。给定条件下可富集于物体上的放射性物质的量与物体本身的化学性质无关。以这种方式激活的物质其表现像是在其表面覆盖一薄层肉眼看不见的放射性材料。尽管放射性淀质由于量太小而无法直接观察到,但它产生的电效应通常很大且很容易测量得到。

2.3 放射性淀质和射气之间的关联

在物体表面产生放射性淀质的性质不直接属于钍的性质,而是属于钍发射的射气的性质。将物体暴露于钍化合物附近而获得的放射性,取决于钍化合物的射气发出能力。例如,钍氢氧化物射气发出能力比其硝酸化物大很多。如果将钍化合物表面完全覆盖一薄层云母以阻止钍射气的逃离,则置于其外的物体便不会产生激发放射性。由于云母仅阻止了小部分射线的射出,所以激发放射性不是钍发的射线直接作用的结果,而是由射气所致。射气与激发放射性的紧密联系可以通过下面的实验清晰验证。一股缓慢稳定的空气流通过一块大质量钍化合物,空气流与射气混合然后通过一个长型管,内置长度相等的柱形电极 A、B 和 C。装置设置如图 2.4 所示。作为射气存在量的衡量,气体的导电性从一个电极至另一个电极发生削减,因为射气会随时间失去放射性。以电离电流为例说明,最开始时观察到的电极 A 和外层柱形管之间的电离电流衡量的是柱形管和电极之间的空间内射气的含量。几个小时之后,空气流停止,将中心电极杆 A、B、C 取出,可用类似于图 1.9 所示的装置通过电学的方法测定电极杆上的激发放射性。

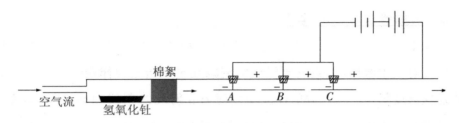

图 2.4　射气与激发放射性之间的关系实验

实验中观察到激发放射性从 A 电极至 C 电极削减,削减比例与射气放射性的削减比例完全相同。这就说明产生的激发放射性直接正比于存在的射气的量;随着射气含量的降低,激发放射性以同样的比例降低。这个实验也确定地说明该放射性是由射气引起的激发放射性,因为形成激发放射性的位置已经远离钍的直接辐射作用。由放射性淀质和射气两者之间量的比例关系可清晰看出,射气是放射性淀质的母体。可以做这样一个假设,射气原子在发射出 α 粒子之后的剩余部分变成放射性淀质的原子。新原子以某种方式获得了正电荷,并被送至带负电荷的电极并附着于此。在没有电场存在的情况下,放射性物质的载体通过扩散作用到达含有射气的容器壁。在任何空间每秒产生的放射性淀质粒子的数目应该正比于每秒发生裂变的射气原子的数目。而我们已经知道,每秒发生裂变的射气原子的数目正比于静电计测得的放射性活度。因而可从放射性淀质粒子是由射气裂变产生的观点得出结论,任何空间产生的激发放射性活度直接正比于所存在的射气的放射性活度,也就是说正比于存在的射气的量。至此,我们可以肯定地说,放射性淀质源自射气的裂变,或者换言之,射气是放射性淀质的母体。

放射性淀质与其母体射气相比,在物理和化学性质方面有极大的不同。我们已经指出,射气为化学惰性的气体,它不溶于酸,在 $-120\,℃$ 发生凝结。而放射性淀质表现得更像是固体物质,它溶于强酸,在赤热温度以上会发生蒸发。射气裂变的结果是新物质的产生,该新物质在物理性质和化学性质方面完全不同于其母体。

2.4 放射性淀质的复杂性

如果将一个物体暴露于射气中几天,该物体会获得激发放射性,然后将物体从射气中取出,则激发放射性的衰减几乎呈指数规律,在 11 个小时后放射性活度降至一半。放射性淀质发射出 α 射线、β 射线和 γ 射线,不管以哪种射线作为衡量手段,得出的放射性衰减速率都相同。这表明放射性淀质可中可能存在一种放射性物质,它在 11 个小时后发生半数衰变且在衰变过程中发射三种类型的射线。但是放射性淀质的实际衰变情况比这个解释更复杂。如果只让物体在大量射气中暴露几分钟,从射气中取出之后的物体放射性活度的变化方式与将该物体在同样条件下暴露很长时间所获得放射性活度的变化方式有着很大的不同。放射性活度最开始很小,但是保持稳定增加大约 3.66 小时,此时达到最大值。6 小时之后,放射性活度按照长时间暴露所观察到的 11 个小时半衰期规律递减。衰减曲线如图 2.5 所示。

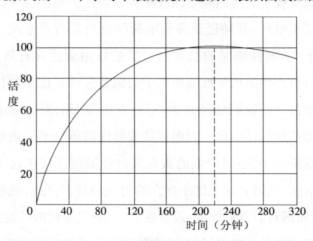

图 2.5　短时间暴露于钍射气后激发放射性活度随时间的变化曲线

该放射性活度的变化乍看之下似乎不同寻常且很难解释。放射性活度的变化曲线与获得放射性淀质的物体本身的化学本质无关。厚金属板与金属箔纸上获得的放射性淀质完全相同。然而,如果放射性淀质中含有两种不同的物质,一种物质是由另一种产生的,则上述曲线完全可以得到合理解释。让我们暂时作以下假设,射气变成叫作钍 A 的物质,钍 A 沉积在物体表面之后，逐渐转变成另一个不同的物质钍 B。假定射气衰变为钍 A 时没有发射 α 射线、β 射线和 γ 射线，但是钍 B 衰变时发射所有类型的射线。如果与钍 A 或钍 B 的半衰期相比，暴露于射气的时间非常短暂，则射气的沉积物在开始时应该几乎全部是非射线产物钍 A。将含有该钍 A 沉积物的物体从射气中取出后的初始放射性活度因此会很小。由于钍 A 逐渐变为钍 B，同时钍 B 的衰变伴随着射线的发射，由于越来越多的钍 B 生成，所以物体表现出来的放射性活度开始随时间的增加而增大。在一定时间间隔之后，钍钍 B 的衰变速率正好弥补由 A 衰变产生钍 B 的供应速率。在这一刻放射性活度达到最大值，之后由于 B 的含量稳步减少所以放射性活度开始逐渐降低。这个假设可以从总体上解释曲线的形状，但是我们此刻也应该提示，它同时也为上述衰减曲线提供了完整的定量性解释。假设钍 A 和钍 B 的衰变常数分别为和，在物体短暂的暴露于射气过程中有个钍 A 原子沉积在物体表面。在将物体从射气中取出之后，钍 A 原子数按照下式减少：

$$P = N_0 e^{-\lambda t}$$

变化速率为

$$\frac{dP}{dt} = \lambda_1 n_0 e^{-\lambda_1 t}$$

如果 d 为任意时刻时存在的 B 原子数，d 的增长速率等于 A 衰变产生的新原子的供应速率减去 B 原子的衰变速率，即：

$$\frac{dQ}{dt} = \lambda_1 n_0 e^{-\lambda_1 t} - \lambda_2 Q$$

可见该等式的解为：$Q = O, t = 0$

则：$a + b = 0$

取代后我们得到：

$$a = -b = \frac{\lambda_2 n_0}{\lambda_2 n_1}$$

因而，

$$Q = \frac{\lambda_1 n_0}{\lambda_2 n_1}(e^{-\lambda_1 t} - e^{-\lambda_2 t})$$

$$N = \int_0^\tau n_1 e^{-\lambda t} d = \frac{n_0}{\gamma} e^{-\lambda t}$$

N 值最开始随时间而增大，达到最大值后逐渐减小。在以下情况得到最大值：

$$\frac{dQ}{dt} = 0$$

即给定时刻时，由下式表示：

$$\frac{\lambda_2}{\lambda_1} = e^{-(\lambda_1 - \lambda_2)r}$$

由于只有 B 发射射线，任意时刻的放射性活度总正比于 B 的含量，即正比于值。这样我们便得出：

$$\frac{I_t}{I_t} = \frac{e^{-\lambda_2 t} - e^{-\lambda_1 t}}{e^{-\lambda_\tau T} - e^{-\lambda_1 t}}$$

其中为最大放射性活度值。由于不论长时间暴露还是短暂暴露，放射性活度最终按照指数规律衰减，半衰期为 11 个小时，所以可以得出钍 A 或者钍 B 按照该半衰期发生衰变。让我们暂时假设半数的 A 在 11 个小时内发生了半数衰变。则相应的值为

$$1.75 \times 10^{-5}(S-1)。$$

现在通过实验曲线确定 B 的半衰期。由于观察到钍 A 在 10 分钟时放射性活度达到最大值，取代等式（2）中的和值，则为：

$$\lambda_2 = 2.08 \times 10^{-4}(sec)^{-1}$$

该值对应于半数的钍 B 在 55 分钟内发生衰变。理论推算值与实验数值之间的接近度列于下表。

表 2-1　放射性活度递减理论值与观察值比较

时间(分钟)	理论值	观察值
15	0.22	0.23
30	0.38	037
60	0.64	0.63
120	0.90	0.91
220	1.00	1.00
305	0.97	0.96

对于更长时间的结果比较,实验值与理论值接近程度一样。在大约 6 小时之后,放射性活度降低非常接近于指数衰减规律,在约 11 个小时降至大约半数值。

我们由此可以看出,在以下假设的基础上可以对放射性活度曲线进行定量解释:

(1)射气沉积物钍 A 在 11 个小时内半数发生衰变,但衰变过程不发射射线。

(2)钍 A 衰变为钍 B,钍 B 在 55 分钟内半数发生衰变,且衰变过程发射所有类型的射线。

一个非常有趣的问题产生于有关钍 A 和钍 B 半衰期的选择上。我们假设 11 个小时属于钍 A 而不是钍 B,但放射性活度曲线本身并没有带给我们任何提示。我们可以看出、在等式(2)中是对称的,因而计算结果不会因两个值互换而发生改变。为明确钍 A 和钍 B 半衰期归属问题,有必要将钍钍 B 从钍 A 和钍 B 的混合物中分离出来,进而单独测定钍 B 的半衰期。如果发现可以从钍 A 和钍 B 混合物中分离出一种放射性产物,其放射性活度以指数衰减并在 55 分钟后降至一半值,则可以得出"射线"产物 B 具有这个半衰期,而半衰期 11 个小时属于"非射线"产物 A。事实上已通过多种实验方法实现了上述分离,而且所得结果完全证实了上述推理,同时也通过这种分离使得我们了解到钍 A 和钍 B 两种产物的物理和化学性质的差异。

皮格勒姆[35]对电解钍溶液在电极上产生的放射性进行检测,在适当条件下得到电解产物,该产物放射性活度按照指数规律衰减,大约 1 小时后减至原活度值的一半。

勒齐[36]做了若干电解钍放射性淀质溶液的实验,将原沉积在铂金属丝上的放射性淀质溶解在盐酸溶液中获得放射性淀质溶液。在不同条件下获得衰减速率各异的放射性沉积物,其中有的活度在 11 小时衰减至一半,其他的衰减速率很快。他在镍电极上得到一种放射性物质,该物质的活度以指数规律衰减,并在 1 小时后减至一半。考虑到计算值 55 分钟和观察值 60 分钟之间十分接近,所以,毫无疑问得出射线产物钍 B 已经通过电解的方法完全从钍 A 和钍 B 的混合物中分离出来。该电解实验也解释了为何不同条件下得到的钍放射性淀质衰减速率不同。这是因为在电解实验中,钍 A 和钍 B 通常一起沉积在电极上,但是两者的沉积比例随电解实验条件的不同而不同。

斯莱特[37]小姐采用不同的方法对以上结果进行了进一步的证实。她将金属铂丝暴露于射气中进行活化,然后通电流使之加热至高温。盖茨[38]小姐以前曾观察到,放射性铂丝在加热至白炽温度时会失去放射性,但如果被加热放射体如金属铂丝周围环绕低温管,则会发现放射体加热后其放射性被转移分布于低温管内部而放射性活度并未减少。该实验显示,放射性未被高温作用破坏,而是放射性物质遇高温挥发并重新沉积在周围的低温物体上。斯莱特小姐检测了金属铂丝上残留的放射性活度衰减速率以及分布在环绕铂金属丝的铅质圆柱体上的放射性活度衰减速率,并检测了圆柱体在各种不同温度下经短暂加热后放射性活度的衰减速率。将金属铂丝置于 700℃高温,几分钟后发现铂丝放射性活度稍有减少。铅质圆柱体的放射性活度开始时很小,但是随时间增加逐渐增大,约 4 小时后达到最大值,之后按照指数规律衰减,半衰期为 11 小时。这样的活度变化规律与将短时间暴露于钍射气的金属丝活度变化规律完全一样（如图 2.5 所示）；即初始时沉积物几乎完全是钍 A 的情况。这个结果表明在 700℃时一些钍 A 被高温驱走并沉积在铅质圆柱体的表面。当将铂金属丝加热至 1000℃时，几乎所有的钍 A 挥发脱离铂金属丝，因为观察到残留在铂金属丝上的放射性活度呈指数衰减并在约 1 小时后降至一半。在 1200℃时，几乎所有的钍 B 也被挥发。这些结果因此明确表明，射线产物钍 B 的半衰期大约为 1 小时，则半衰期 11 小时一定属于非射线产物钍 A。我们因此可以看出，可用两种不同的方法将钍 A 和钍 B 混合物的两组份分离开来，一种依赖于两种物质不同的电学行为，另一种依赖于挥发性不同。这个实验结果具有非常重要的意义，它不但说明了两种放射性淀质的物理和化学本质，而且表明了当两种物质以极小量共存时如何通过特殊设计的实验方法将二者分离开来。

对于钍 A 这种并不以发射放射产物而表明其存在的物质，我们不仅能够检测到它的存在，而且性质可以测定它的物理和化学性质，这一点乍看起来似乎有点儿不可思议，而实际上由于钍 A 的衰变产物发射射线，所以才使得它的检测成为可能。

我们已经看到物件在长时间暴露于钍射气后，所得激发放射性立即开始衰减。从一般性常识也不难得出上述结论。如果将物体暴露于有持续供应的射气中达一周时间，则物体产生的激发放射性达到有限的稳定数值。在这种情况下，物质每秒产生的原子数等于该物质每秒裂变的原子数。物体从射气中取出后，钍 A 的量开始按照指数规律减少，而从理论上和实验上可以看出，作为衡量钍 B 含量的放射性活度开始时并不完全按照半衰期为 11 小时的指数规律衰减，而是以更慢一些的速率衰减。离开射气几小时后，物体激发放射性衰减才开始非常接近于指数规律。

以上观察中很有趣的一点是，物体长时间暴露于射气后获得的激发放射性并不按照射线发射产物的半衰期衰减，而是按照"非射线"产物衰减。这种现象的实质其实是激发放射性总是按照半衰期更长的产物衰减，不管该半衰期所对应的物质是不是发射射线。

到此为止，我们可以对之前得出的结论做一个简单总结：

(1)钍射气为半衰期为 54 秒的一种气体，它仅发射 α 射线。

(2)钍射气衰变成一种固体称为钍 A，钍 A 半衰期为 11 小时，它不发射射线。

(3)钍 A 反过来衰变为产物钍 B，它发射钍 α、钍 β 和 γ 射线，钍 B 的半衰期约为 1 小时。

钍的射气所发生的一系列连续衰变过程可用图 2.6 表示.

图 2.6　钍射气衰变的过程

目前我们不确定钍 B 的衰变产物。该产物可能是惰性的，或者有极其微弱的放射活性，而目前还无法通过电学的方法确定它的性质。

2.5　钍 X 的分离

现在我们很有必要回过头来研究射气的起源。首先，看一看卢瑟福和 F. 索迪[39]做的一系列重要实验，这些实验不仅解决了射气起源这个问题，而且还对钍发生的衰变过程提供了重要线索。

取少量硝酸钍溶解在水中，在该水溶液中加入足够量的氨水使之形成氢氧化钍沉淀。将沉淀过滤后所得滤液蒸发至干，滤液中的铵盐因受热分解而挥发，则最终得到少许残留物，在同等质量下，该残留物的放射性活度是原硝酸钍的 1000 多倍，这种高度的放射活性也可通过验电器加以演示说明。按照上述方法从 50 克硝酸钍中获得的放射性残留物能够引起验电器金箔叶片在几秒内发生聚拢，而用同等质量的硝酸钍几乎看不到金箔叶片的移动。

为方便起见，我们将残留物中的放射性物质称为钍 X(ThX)。溶剂蒸发后，ThX 可能以极其微小的量与残留的其他杂质共同存在，其中可能还有痕量未被沉淀的钍。由于 ThX 来源于钍盐，钍盐的放射性活度必定部分被剥夺，事实也确实如此，因为按照类似方法分离出来的氢氧化钍仅拥有正常预期活度值的一半。

用静电计以一定时间为间隔分别检测 ThX 和氢氧化物沉淀的 α 射线活度。ThX 的放射活性并不持久，它在第一天时增加然后以指数规律递减，并在约 4 天后降至一半。间隔一个月之后，放射性活度已经降至原值的很小一部分。ThX 放射性活度随时间的变化曲线如图 2.7 中的曲线 I 所示。

现在让我们将注意力转向钍的氢氧化物沉淀。该物质的放射性活度在第一天有所下降，降至最低值后又开始随时间的增加稳定增加，在一个月时间间隔达到近乎稳定数值。这些结果用图 2.7 中的曲线 II 表示。

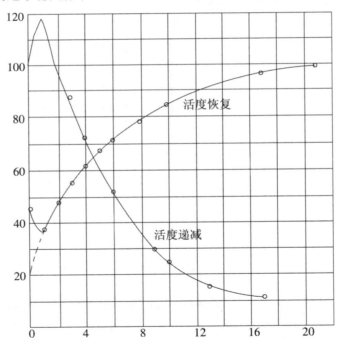

图 2.7　钍 X 放射性活度衰减曲线和分离出 ThX 后钍的放射性活度恢复曲线

ThX 的两条活度衰减曲线和钍的活度恢复曲线之间的关系很简单。ThX 曲线初始的升高相应于钍恢复曲线的降低，当 ThX 的活度几乎消失时,钍的活度达到最大值。ThX 及其来源钍的活度之和在整个实验过程中近乎保持常数。恢复曲线和衰减曲线彼此互补。ThX 活度的丧失速率等于钍活度的获得速率。曲线间的这种关系似乎说明 ThX 和它的来源钍化合物之间彼此影响,钍化合物吸收 ThX 失去的活度。但是这个说法非常经不起推敲,因为曲线的升高和恢复是独立的,如果将钍和 ThX 分别保存在封闭容器中并彼此间隔很远,则所得活度变化曲线也不会发生改变。如果氢氧化钍在活度得到恢复后再次溶解于水中,并加入氨水沉淀出氢氧化钍,经过一系列处理后,最终从滤液中分离出的 ThX 量与第一次实验时相同。这个过程可以无限重复,总能分离出同等量的 ThX,但是需要满足的条件是每次沉淀时间间隔为 1 个月,从而使钍重新获得失去的活度。这样的结果表明,每次沉淀后会在钍中新生成 ThX。

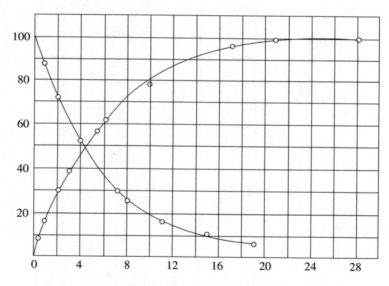

图 2.8　钍 X 放射性活度衰减曲线和钍放射性活度恢复曲线

(自分离出 ThX 后第二天开始测量)

我们现在可以思考如何解释衰减曲线和恢复曲线之间的联系。我们暂时忽略两条曲线在初始位置的不规则性。如果将图 2.7 中的恢复曲线反向延长至纵轴,交于活度最低值为 25%。由此计算得到的活度恢复曲线如图

2.8 所示。同一图中也显示了 ThX 的衰减曲线，曲线自第二天开始以相同比例出现在图中。ThX 的衰减曲线呈指数递减，4 天后活度值减至一半。自初始活度开始的活度递减可用以下公式表示：

$$\frac{I_t}{I_0} = e^{-\lambda t}$$

两条曲线互补，任意时刻、任意刻度的纵坐标之和等于 100。4 天后，ThX 的活度衰减至一半，在相同时间间隔钍重新获得了 ThX 失去的活度。因而恢复曲线可由下式表示：

$$\frac{I_t}{I_0} = 1 - e^{-\lambda t}$$

采用对射气衰减曲线(本章 2.1)进行解释时的思路，我们可以假设 ThX 为不稳定物质，4 天后发生半数衰变，每秒裂变的 ThX 数与 ThX 的存在数呈正比。ThX 的衰变伴随着发射 α 射线，并且衰变速率同样与 ThX 存在数呈正比。

现在我们可以看出，新 ThX 是在首批 ThX 被分离出去之后从钍中产生的。ThX 的生成以相同速率进行，但是钍中存在的 ThX 数量不可能无限增加，因为与此同时 ThX 也在持续衰变为另一种物质。当新生成 ThX 的速率恰好等于因 ThX 自身衰变而消失的速率时，ThX 达稳定状态。

每秒提供的新 ThX 原子数等于每秒裂变的原子数时达稳定状态，其中 为平衡状态时存在的最大原子数，即：$q = \lambda N_0$

$\frac{dN}{dt}$ 任意时刻每秒增加的 ThX 原子数等于提供与消失的原子数之差，即：$\frac{dN}{dt} = q - \lambda N$ 方程式的解为：$N = \alpha e^{-\lambda t} + b$

其中和为常数。因为，时，且，因此：$\alpha = -b = -N_0$

$$\frac{N}{N^0} = 1 - e^{-\lambda t}$$

于是上述表示任意时刻存在的 ThX 原子数的理论等式因此在形式上

与实验得到的活度变化等式相同。我们因此可以看出 ThX 的衰减曲线和恢复曲线完全可以通过以下简单假设加以解释：

（1）钍可持续产生 ThX；

（2）ThX 发生连续衰变，每秒的变化数总是正比于当刻的 ThX 原子数。

第（2）个假设仅仅是之前观察到的 ThX 活度指数衰减规律的另一种表达方法。第 1 个假设可通过实验验证。经历时间增长后 ThX 的原子数为：$\frac{N}{N_0} = 1 - e^{-\lambda t}$。其中为平衡时的原子数。

由于 ThX 在 4 天后发生半数衰变，$\lambda = (day)^{-1}$。在完全分离出 ThX 后第 1 天结束时，新形成的 ThX 原子数应为最大值的 16％，4 天后为 50％，8 天后为 75％，以此类推。现经实验发现，用氨水对钍进行 3 次快速沉淀能几乎完全暂时将 ThX 从钍中分离出来。在放置一定时间后，将 ThX 分离出来得到的量与理论值能很好的吻合。

由此我们可以看出，钍的表观持续放射性其实是两个相反过程即增长和衰减的综合结果；放射性物质不断形成，该新形成的物质反过来又不断衰变而失去放射性。因此，两个过程存在着一个化学平衡，即新物质的形成速率与新物质的衰变速率相互抵消。

2.6 钍射气的来源

完全不含 ThX 的钍化合物即使在溶液状态也几乎不发射射气，而含有 ThX 的氨溶液则能发射大量的射气。因而去除 ThX 等于去除了钍的射气发放能力。因此，射气很可能源自 ThX，进一步实验证实了这一推测。在 ThX 溶液中通入稳定的空气流，则其释放出的射气量呈指数递减，在 4 天后减至一半。这个结果与假设 ThX 为射气母体时的预期结果完全相同，ThX 活度衡量的是每秒发生裂变的 ThX 原子数目，也是对新形成物质原子数的衡量。按照这个理论，ThX 产生射气的速率应该总与 ThX 的活度成正比，因而也应该以相同的速率按照相同的规律递减。这个推测我们已经在实验中观察到。尽管在钍去除 ThX 之后暂时几乎完全被剥夺了发射射气的能力，但它也会逐渐重新获得该能力，获得过程遵循图 2.8 所示的恢复曲线。如果 ThX 为射气的母体则自然会得到该结果。射气发放能力应该正比于当下 ThX 含量，因而会随 ThX 含量而变化。

从而我们可以肯定地说，发射射气的性质并非属于钍本身，而是属于钍的衰变产物 ThX。

2.7　衰减曲线和恢复曲线的初始不规则性

我们现在可以解释图 2.7 中衰减曲线和恢复曲线的初始不规则性。分离出的 ThX 活度最初是增加的，而沉淀出的钍的活度最开始是减小的。射气产生的放射性淀质不溶于氨水，因而与钍共沉淀出溶液。ThX 分离后产生射气，该射气反过来衰变为钍 A 和钍 B。钍 B 提供的活度开始时多于 ThX 衰减的活度。因而总的结果是活度增加，但是钍 A 和钍 B 发生衰变的速率快于 ThX 发生衰变的速率，大约一天后两者达到平衡，此时 ThX 每秒裂变的数目近似等于 ThX 产物每秒裂变的数目。在这种情况下，射气和钍 B 的活度将与它们的母体物质 ThX 以相同的方式变化。放射性残留物的活度——用于衡量 ThX、射气和钍 B 三者加在一起的活度——因而将以指数规律递减，并在 4 天后降至一半。

由于钍化合物中的射气产生的放射性淀质未与 ThX 一起分离，它的放射性活度开始时必定递减，因为在没有 ThX 和射气存在的情况下将无新的钍 A 和钍 B 产生以弥补二者的衰变。钍的活度因而会一直递减，直至新生成的 ThX 及其后续产物提供新的活度弥补放射性淀质活度的递减。此时活度达最低值，之后开始因 ThX 的产生而随时间的增加而增加。

与我们这里讨论的特殊情况不同，衰减曲线和恢复曲线的互补特点是放射性衰变支配规律的必然结果。据目前观察，衰变的速率不受物理和化学条件影响。与钍混合的 ThX 和与通过化学过程从钍中分离出后以单独形式存在的 ThX 以相同速率和衰变规律发生衰变。钍化合物的活度达稳定常数归因于该化合物形成的各种放射活性产物综合作用的结果。通过化学或其他手段将产物从钍化合物中分离出来,则该产物的活度加上钍及其剩余产物活度之和必定等于原来的钍在平衡状态时的稳定活度常数值。否则,仅仅通过分离其中一个产物便会产生放射性的创造或毁灭,而这一创造或毁灭将涉及放射性能量的获得或丢失。以 ThX 为例,该分离产物的放射性活度开始时升高而后降低,而必定有与之对应的分离出 ThX 后的钍活度的降低而后升高,这样两者的活度之和才可以保持不变。

总的放射性活度守恒的原理不仅适用于钍,也普遍适用于其他放射性物质。任何处于平衡状态的物质的总放射性活度不会被物理或化学等外力所改变,尽管该总放射性活度可能会在一系列可从母体物质分离出去的产物中体现。但有理由相信,初级(或原始)放射性物质的活度不是严格意义上的永久不变的,而是缓慢地减弱的,对于具有微弱放射活性的元素如铀和钍,可能 100 万年也检测不到其放射性有明显的变化。

对于后面会讲到的极具放射性的物质(如镭),放射性活度总和最终极可能会呈指数衰减,并在 1300 年后降至一半。但是如果观察期小于初级(原始)放射性物质的寿命,则放射性活度守恒原理为实验结果的充分且准确的表达。在之后的章节中会有许多例子支持这一原理。

2.8 钍产物的分离方法

除了氨水之外,还有几种试剂可以将 ThX 从钍溶液中分离出来。舒兰特和 R. B. 摩尔[40]发现吡啶和富马酸可以将 ThX 从硝酸钍溶液中分离出来。与氨水不同,这些试剂可将惰性物质钍 A 和 ThX 一起分离出来且将放射性物质钍 B 与钍留在一起。

勒齐[41]表示可以通过电解 ThX 碱性溶液的方法分离 ThX,使用混合锌、铜、汞或铂作电极。ThX 的半衰期经准确测定为 3.64 天。此外,勒齐发现将 ThX 碱性溶液放置几个小时则 ThX 便会沉积在不同的金属表面,铁和锌沉积最多。将镍板浸入放射性淀质的酸性溶液中,则会在表面沉积出钍 B,

判断依据为金属表面观察到的活度呈指数衰减，半衰期为 1 小时。其他金属经过类似处理后也可获得放射性，根据放射性活度衰减速率显示，这些金属表面沉积的是钍 A 和钍 B 的混合物。

这些结果已经表明各种不同钍产物的物理和化学性质有极大不同。用于极微量物质的分离方法与用于分离较大含量物质的普通化学方法一样准确有效，而前者将物质的放射性质作为一种简单而可靠的定性和定量分析的基础。

2.9　钍的衰变过程及产物

到目前为止我们已经阐明钍可产生 ThX，而 ThX 则衰变为射气，射气接着进一步连续衰变形成钍 A 和钍 B。

如果钍在氨水中连续几天发生一系列沉淀，ThX 一旦形成便将其分离出来，同时给予足够时间使放射性淀质消失，钍的放射性活度则降至最低值即平衡状态时活度值的 25%。经过如此处理的钍的恢复曲线初始时并未降低，而是按照如图 2.8 所示的恢复曲线稳步升高。由此可以看出，钍本身仅提供平衡状态时钍 α 射线活度的 25%，其余由 ThX、射气和钍 B 提供。每一个 α 射线产物提供总活度的 25%。为实现这样的结果要求平衡状态时，ThX、射气和钍 B 每秒必有相同原子数发生裂变。这是基于合理假设，每个裂变的产物原子产生下一个产物原子。据目前观察，钍的衰变结果完全可以用卢瑟福和 F. 索迪提出的裂变理论进行解释。在他们提出的裂变理论中，每秒钟有相同数目的钍原子变得不稳定且在裂变时发射出 α 粒子。失去 α 粒子的剩余原子成为新物质钍 X 的原子。该 ThX 原子远比其母体钍原子不稳定，它在衰变时发射 α 粒子并在 4 天后发生半数衰变。ThX 衰变产物为射气，而射气则又裂变为放射性淀质，由两个连续产物钍 A 和钍 B 组成。钍 B 原子裂变发射出 α 粒子、β 粒子和 γ 射线。钍 A 衰变为钍 B 但不发射射线，该转变可能是原子内部的重组而不涉及质量丢失，或者虽发射 α 粒子但发射速度十分缓慢而无法使气体产生电离。在第十章的讨论中我们将会了解到后面一个假设未必不可能。

钍产物及其物理性质如表 2.2 所示。

表 2-2　钍的衰变产物列表

(逐级)放射性产物	半衰期	射线性质	部分物理、化学性质
钍	大约 109 年	A	不溶于氨水
钍 X	4 天	A	利用 ThX 在氨水和水中的溶解性以及通过电解作用从钍中分离出来;也可用富马酸和吡啶分离
射气	54 秒	A	具有高分子量的化学惰性气体;在 -120℃时从混合气体中凝结
钍 A	11 小时	无射线	沉积在物体表面;富集于电场中的负极
钍 B	1 小时	α、β、γ 射线	溶于强酸;高温挥发;钍 A 较钍 B 易挥发。可通过电解作用以及二者溶解性不同将钍 A 从钍 B 中分离。
?	……	……	

钍的衰变过程及产物家族图解(图 2.9):

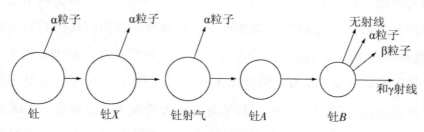

图 2.9　钍的衰变过程及产物

2.10　放射钍

关于钍是否为放射性元素有两种截然不同的看法,即钍的放射性应该归因于钍本身还是与钍有某种联系的某种放射性物质。一些实验人员声称他们通过特殊的方法获得了几乎呈惰性的物质，该物质经化学检测认为是钍。O. 哈恩[42]最近的一些工作对此说法的检验具有重要意义。

　　锡兰（现在的斯里兰卡）方钍石主要由钍和 12% 铀组成，O. 哈恩能够用特殊的化学方法分离出少量物质，该物质与镭放射性活度相当。该物质曾被称为"放射钍"，它能发射高强度钍射气，很容易通过硫化锌屏发光实验观察到钍射气的存在。可以用与从钍中分离 ThX 相同的方法从放射钍中分离出钍 X，射气产生的激发放射性衰减时间为钍的特征周期 11 小时。放射钍的放射性似乎相当持久，可能该放射性物质实际上为介于钍和 ThX 之间的钍的直系产物。放射钍产生钍 X，而钍 X 进一步产生射气。这还不能证明该放射性物质可以从普通钍中分离出来，但是毫无疑问的是放射钍或者是与钍混合的放射性组分，或者更加有可能它是钍的产物。我们后面会看到铀本身呈惰性，尽管它可以连续产生放射性产物，但这些产物在许多方面与观察到的钍的产物家族十分类似。O. 哈恩得到的实验结果表明钍本身衰变并不发射射线，但是后续产物放射钍衰变会发射射线。需要进一步研究结果的支持才能得出确切结论，但是目前而言，O. 哈恩获得的结果十分重要且值得关注。

第三章

放射镭

3.1 镭射气

卢瑟福[43]发表钍化合物可持续发射放射性射气后不久，*F. E.* 唐恩[44]发现镭也拥有类似的性质。镭化合物在固态时发射极少的射气，但是镭溶液或加热状态时射气则自由逃逸。钍和镭的射气拥有非常相似的性质，可以根据它们的放射性活度衰减速率的不同而将二者区分开来。钍射气的放射性活度在54秒降至一半，而实践中10分钟后消失；镭射气活度则持久得多，需要近4天才降至一半，而一个月后射气活度仍然相当可观。

镭射气的物理和化学性质非常类似于钍的射气，但是由于镭射气具有较强的放射活性和相对较低的衰变速率，因而对镭有更加详细的研究。实验发现，有可能对镭射气进行化学分离并测量其体积以及观察其谱图。相对于所涉及的镭射气量而言，它的放射活性以及伴随发生的热效应是巨大的，量级大到很难解释，这也引起了人们对该物质的极大关注。由于这些原因，我们应该比较详细讨论一下镭射气的化学和物理性质以及两者之间的联系。通过对该物质的研究将会对第二章中阐述的放射性一般性理论提供进一步的认识。

一般用于实验中的镭盐为溴化镭和氯化镭。这两种盐释放很少的射气到干燥的空气中。镭产生的射气存储或禁锢于物体中，但可通过加热或溶解该化合物的方法使射气释放出来。镭释放的射气具有极强的放射活性，这可由以下简单实验进行说明。

将溴化物或氯化物的微小晶粒置于洗瓶中，加入几毫升水将晶粒溶解并立即盖紧瓶盖，然后缓慢通入气体至溶液中，并通过细长玻璃管接入验电器内部，如果验电器开始有电则会观察到金箔叶片在气体到达叶片的瞬间发生聚拢，片刻之后又发现不可能再引起叶片分开。如果射气被空气流从验电器完全吹走，仍会观察到金箔叶片迅速聚拢，尽管此时射气已被完全清除。

残留放射活性是由沉积在容器壁上的放射性淀质所致。镭射气拥有与钍射气相似的特性，但活度衰减比钍射气更快，射气产生的电效应多数情况下维持数小时，而对于钍射气而言。它产生的电效应可维持数天。

有几名观察者对射气放射性活度衰减速率进行了测量。卢瑟福和 F. 索迪[45]将射气和空气的混合物储存于小的储气瓶中并用水银封住，定期吸取固定体积并放至测试管中测量其活度，如图 1.10 所示。将射气引入至容器后因放射性淀质的形成而观察到活度随时间增加持续若干小时。通过立即测定射气通入测试容器后产生的饱和电流可以确定初始射气的含量。通过这种方法发现，射气的量按照指数规律减少，在 3.77 小时降至一半。P. 勒居里[46]用不同的方法测定了射气的衰变常数。将大量射气引入玻璃管中，然后密封，用置于合适测试管中的静电计定时测量由于发射射线而产生的电离作用。镭射气仅发射 α 射线，该射线可以被厚度不到 1/10 毫米的玻璃板完全阻挡，

因而射气发射的射线可被玻璃管壁吸收。在测试管产生的电效应完全是由于射气在玻璃管内壁的放射性淀质发射的 β 射线和 γ 射线所致。由于 3 小时后，放射性淀质与射气达到放射性平衡，然后以与母体物质（即射气）相同的速率衰减，β 和 γ 射线的强度（活度）将会以相同速率按照射气本身的规律削减。在这个过程，放射性活度按照指数规律削减并在 3.99 天降至一

半。不同方法获得的半衰期具有一致性表明,在射气生命周期的任意时刻放射性淀质的量总是与射气的量成正比,这也成为放射性淀质是射气的分解产物的证据之一。

巴姆斯特德和惠勒[47]以及萨克[48]分别进一步实验测定了射气的衰变常数。前两者发现,射气放射性活度在 3.88 天减至一半,而后者发现该时间为 3.86 天。由此我们可以得出射气按照指数规律衰减,衰减周期大约为 3.8 天。

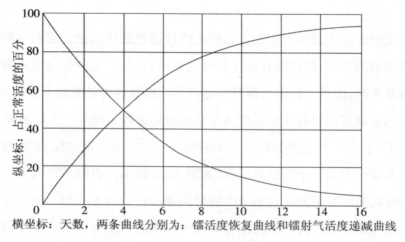

横坐标:天数,两条曲线分别为:镭活度恢复曲线和镭射气活度递减曲线

图 3.1 镭射气的 α 射线衰减曲线和自 25% 最低值的镭放射性活度恢复曲线

加热镭化合物溶液至沸点或通空气至溶液中几乎可完全释放出所有镭的射气。放射性淀质与镭留在一起,但是在几小时后消失。如果将镭溶液蒸发至干,α 射线法测得活度已达最低值即正常值的 25%。如果将镭溶液保存在干燥空气中,镭产生的射气禁锢于镭实体物质中,镭的放射性活度因而随时间增加,在一个月后达到正常稳定值。镭的活度自 25% 最低值的恢复曲线如图 3.1 所示。图中附上射气的衰减曲线以便进行比较。

对于镭,衰减曲线和恢复曲线为互补曲线。射气放射性活度在 3.8 天降至一半,而镭丢失的一半活度在相同时间间隔内得到恢复。

任意时刻镭释放的射气放射性活度可用下式表示:

$$\frac{I_t}{I_0} = e^{-\lambda t}$$

而自最低值的恢复曲线表达式为

$$\frac{I_t}{I_0} = 1 - e^{-\lambda t}$$

即在时刻储存在镭中的射气数量表示为：

$$\frac{N_t}{N_0} = 1 - e^{-\lambda t}$$

对以上曲线表达式的解释与钍的曲线表达式完全相同。射气为不稳定物质，在 3.8 天时发生半数衰变。镭以稳定的速率产生射气，镭的放射性活度在新射气产生速率等于已形成射气消失速率时达到稳定值。

最初完全消除射气的镭化合物在一个月以后新增长的射气会达到最大值，该消除过程和新生成过程可以无限制持续发生。如果为平衡状态时射气的原子数，镭的射气新原子提供速率等于其自身分解损失速率，即

$$q = \lambda N_0, \lambda = \frac{q}{N_0}$$

q 值因此具有确定的物理意义，它代表平衡状态下每秒提供的新射气原子数目所占平衡状态时射气原子数的分数，同时代表每秒裂变的射气原子数所占分数。射气的半衰期取值 3.8 天，以秒为时间单位的值则为 1474000，或换一种说法，每秒射气的提供速率为平衡值的 1474000。

卢瑟福和 F. 索迪描述了一个简单的实验以说明上述结果。将少量处于放射性平衡状态的氯化镭置于热水中。溶液释放的累积射气用气流带入适当的测试管，并立即测量饱和电流。如此测得的电流可作为对值的相对衡量，即平衡状态下存储于镭中的射气数量。

镭溶液用空气抽吸一段时间以去除溶液中剩余的痕量累积射气，然后静止放置 105 分钟。在这个时间间隔内累积的射气用气流带入类似的测试管中并再次测定射气产生的饱和电流。该电流值则为该时间段内形成的射气的数的衡量，忽略射气在该短暂时间段的衰减，则：

$$N_t = q \times 105 \times 60$$

由此得出：

$$\frac{q}{N_0} = 1/480000$$

如考虑该时间段内衰减，则：

$$\frac{q}{N_0} = 1/477000$$

从射气的衰减常数我们可以看出：

$$\lambda = \frac{q}{N_0} = 1474000$$

理论值与实验值具有惊人的一致性是固体化合物在溶液中以相同速率产生射气的直接证据。在固体状态下射气被禁锢于放射体内；在溶液状态下，部分射气保留在溶液中，而其余的则逃逸至溶液上方的空气中。

干燥镭化合物保存射气的能力牢固的惊人。实验表明，固态放射体的射气发放能力比放射体溶液低 50%。由于存储在镭化合物中射气的数量是每秒产生射气数量的 50 万倍，结果显示，每秒逃逸的射气数量不到镭化合物禁锢射气量的万分之一。射气的逃逸速率在湿润的环境中以及在升温时有很大增加。

如果条件允许，大部分新生成的射气发生逃逸，则完全去除射气的固体镭化合物的恢复曲线会发生改变。在这种情况下，放射性活度会更快达到最大值，但该最大值会远小于不发射射气的化合物的正常活度。

镭的这种将射气保留在其放射体内的特性很难得到圆满解释，除非假设射气和产生射气的镭之间有某种化学结合作用。戈德莱夫斯基[49]曾提出射气是以固体溶液的形式与母体物质共存的。据他观察矿物铀 X 会快速扩散进入铀化合物，这也是对他所提出观点的支持，有关观察结果会在第七章讲到。

3.2 射气的凝结

从钍和镭中发现射气几年以后，科学界对于射气的真正本质到底是什么存在着不同的观点。一些物理学家认为它们不是物质,而由附着于气体分子的中心力和射气混合组成,射气与这些分子及中心力一起运动。另一些人认为射气是以极微量存在的气体,很难用光谱仪或直接的化学方法进行检测。卢瑟福和 F. 索 迪[50]的发现在很大程度上消除了人们对射气的物质性所持有的反对意见。他们发现,钍和镭的射气拥有气体特性,在极冷处理条件下它们可从与之混合的惰性气体中凝结出来。经过一系列精心设计的实验结果表明,镭的射气在−150℃时发生凝结。射气的凝结点和挥发点界线明确,但两者相差不到 1℃。钍射气在−120℃开始凝结,但是只有达到−150℃时凝结才能全部完成。造成两种射气这种有趣行为差异的原因将马上揭晓。

如果现有大量射气,镭射气的凝结可用肉眼观察到。实验设计如图 3.2所示。

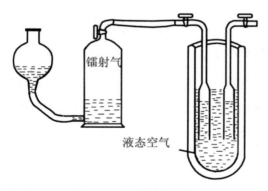

图 3.2　镭射气的凝结

将与空气混合的射气存储于小的储气瓶中,然后使混合气体缓慢通过浸没于液态空气的 U 型管。该 U 型管装满硅锌矿碎片或者氰亚铂酸钡晶体,在射气发射的射线作用下会发光。如果空气与射气的混合气流缓慢通过该 U 型管,则硅锌矿碎片刚好在液化空气的液面以下开始发出耀眼的光,而发光部位可以富集于管的一小段。这表明射气在液态空气温度已经发生凝结,并沉积在管壁上以及硅锌矿表面。如果将 U 型管部分放空,即放掉液态空气,然后关闭活塞,则射气仍然会富集在管和硅锌矿上几分钟。但是当管温度升至－150℃时,射气便迅速挥发,并充满整个管腔。此时,会观察到整个硅锌矿和 U 型管发光。在一段时间内,射气凝结的位置仍然比管的其他位置光亮度高。这是由于射气即使在凝结状态也会产生放射性淀质。当射气挥发时,放射性淀质仍存在于原位置,而放射性淀质发射的射线也使得此位置的发光度更强些。1 小时间隔之后,发光度差异几乎消失,整个硅锌矿均匀发光。所以,可通过液态空气局部冷却法实现任意时刻任意位置的发光。

如果 U 型管装的是不同层的磷光性材料,比如硅锌矿、紫锂辉石、硫化锌、氰亚铂酸钡,挥发后的射气均匀分布,每层材料均会发出其特有的光线。硅锌矿和氰亚铂酸钡的绿光不容易区分,两者只是强度有所区别。紫锂辉石发出深红色光,而硫化锌则发出黄色的光。射气与放射性淀质的射线对这些物质产生的作用具有几个有趣的不同点。与提到的其他物质不同,在液态空气温度时硫化锌发出的光大部分消失,但是在较高温度时又会重新出现。α 射线在硅锌矿、氰亚铂酸钡和硫化锌中产生显著发光,但是很少或几乎不会使紫锂辉石发光。紫锂辉石仅对放射性淀质发射的 β 射线和 γ 射线敏感。因此,在刚开始引入射气时紫锂辉石仅发出极微弱的光。但是光线强度随射气产生放射性淀质而增强,并在自射气引入后 3 小时达到最大强度。将氰亚铂酸钡暴露于大量射气中作用一段时间后,氰亚铂酸钡晶体变成红色调,发光度大大降低。这是由于射线作用于晶体使其晶体内部结构发生永久变化引起的。通过将晶体重新溶解然后重结晶的方法可以使氰亚铂酸钡晶体恢复原有的发光度。

居里夫人和 A. 德拜耳尼以前曾表示,玻璃在射气发射的射线作用下会发光。这个效应在图林根玻璃中最显著。但遵循同一个规律,即图林根玻璃发光度与硅锌矿或硫化锌产生的发光度相比极其微弱。玻璃在射线作用下变色,如果射气强度巨大则玻璃会迅速变黑。

卢瑟福和 F. 索迪用电学的方法进行实验测定了镭射气的挥发温度。实验设计如图 3.3 所示。

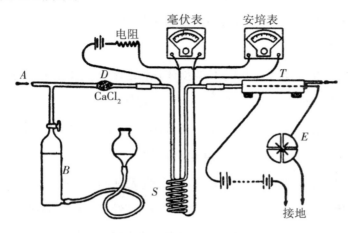

图 3.3 电学方法测定镭射气的凝结温度

储气瓶 B 收集的射气在长的螺旋形铜管 S 上发生凝结，S 浸没于液态空气中，稳定的空气流缓慢通过 S 管后进入小的测试管 T。凝结发生后，将铜螺旋管从液态空气中移出并自然缓慢升温。通过测量铜螺旋管的电阻来推算其温度。恰好在温度达到挥发点之前，测试管中未观察到任何作用。然后观察到验电器指针发生突然的迅速移动，指针指数增加。通过使用大量的射气，指针移动速率片刻间即从每秒几个刻度增至几百个刻度。从无射气逃逸的温度点到射气快速逃逸的温度点之间温度的升高在多数情况下小于 $1℃$。

上文已经指出，钍射气的完全凝结温度并不敏锐，但是在多数情况下凝结温度持续范围大约为 $30℃$。两种射气显著不同的行为，很有可能是由于实验中钍射气含量比较小。钍射气裂变速率是镭射气裂变速率的 6000 倍。若使两种射气发射相等数量的 α 粒子即两者产生大约相等的电效应，则所含镭射气量需要至少是含钍射气量的 6000 倍。此外，在多数镭射气实验中，钍化合物只需产生少量射气便足以产生几百倍于镭射气的电效应。因而，在一些实验中，镭射气的量至少为 1 万倍于——很多情况下为 100 万倍于——钍射气的量。事实上，实际实验中很容易计算出，载入铜螺旋管的每立方厘米气体中含有的钍射气原子数不会多于 100。在这种情况下，就不奇怪为何钍射气不显示敏锐的凝结温度点，就如同射气稀少分布于气体中时不会发生凝结一样。

联系以上事实及观点我们不难预计，螺旋管中空气压力减小，或者用氢气代替氧气作为载体，两者均趋向于引起射气发生更快的凝结。这种效应的产生是因为射气原子在压力降低或者用氢气作为载体这两种情况下它的扩散速度都会加快，因而凝结速度也会加快。

如果我们可以得到大量钍射气，那么毫无疑问，它也可以显示相对敏锐的凝结温度点和挥发温度点。事实上，（钍射气－120℃）比镭射气（－150℃）在较高温度时开始凝结，这表明两种射气是由不同类型的物质组成。与钍和镭的射气一样，锕射气也可以在通过浸没于液态空气的螺旋管时发生凝结，但是其放射性活度快速衰减（半衰期 3.9 秒）使得通过电学方法准确测定其凝结温度非常困难，因为在载带射气的气流温度减至螺旋管温度之前射气的放射性活度就会大部分丢失。镭射气容易被液态空气凝结这一特点在许多射气的研究中发挥着重要作用。通过这一特性，可以将镭射气从与之混合的气体中分离出来，得到纯的镭射气并测定其光谱。

3.3 射气的扩散速率

如果将射气引入恒温管的一端，几个小时过后发现，射气在整个管内均匀等量分布。这个结果表明，射气像普通气体一样在空气中发生扩散。目前为止还未发现有可能用直接的方法测定射气的密度，因为即使 1 克纯的溴化镭释放的射气的量仍很小且难以准确称量。通过将射气与已知气体的扩散速率进行比较，我们可以粗略估算射气的分子量。我们早已知道各种不同气体的互扩散速率会随发生扩散的气体分子量而降低。因此，如果我们发现射气与空气的互扩散系数落于两种已知气体 A 和 B 的扩散系数值之间，则有可能射气的分子量为气体 A 和 B 分子量中间某个数值。

刚发现镭射气后不久，卢瑟福和布鲁克斯小姐[51]便测定了它扩散至空气

中的互扩散系数 K,并发现该值在 0.07 和 0.09 之间。他们测量时采用的实验设计如下:用可移动的滑板将长圆筒平均分成相等的两部分。开始时将射气引入其中一半,并与空气充分混合。当温度稳定时,打开滑板,射气逐渐扩散进入圆筒的另一半。打开滑板后的任意时刻每一半圆筒的射气量由电学方法测定,所得数据用于计算互扩散系数。二氧化碳(分子量为 44)扩散至空气的互扩散系数在很久以前已经计算得出为 0.142。因此,射气扩散至空气的速率远小于二氧化碳扩散至空气的速率。对于酒精蒸汽(分子量 77),与空气的 K 值为 0.077。对于镭射气取较低的 K 值 0.07 为例,因为这对镭射气可能性更大些,则由此得出镭射气的分子量大于 77。

自此之后为估算射气的分子量,研究者们通过不同的方法进行了许多测定。

巴姆斯特德和惠勒[52]通过带孔容器直接测定了射气和二氧化碳的相对扩散速率。根据 $T.$ 格拉罕姆气体扩散定律,即互扩散系数与分子量的平方根成反比,他们演算出射气的分子量大约为 172。

马科尔[53]采用类似的带孔容器实验将镭射气与氧气、二氧化碳、二氧化硫在同一容器的扩散速率进行了比较,并最终得出射气的分子量在 100 附近。皮埃尔·居里和丹尼[54]测定了射气通过毛细管的扩散速率,得出 K 值为 0.09,该值稍高于布鲁克斯和卢瑟福测得的数值。

由此可以看出,所有扩散实验得出同一个结论,即射气为重气体,分子量可能不会小于 100。但问题是,这种方法得出的分子量数值可靠性有多大?因为射气在其扩散的气体中存在量极微小,其互扩散系数是经过与大量存在的气体相比而得出的。这种情况下,互扩散系数可能不具有直接可比性。此外,与具有单原子气体特性的射气的扩散速率相比较的是分子组成较复杂的气体的扩散速率。

如果射气为镭的直接产物,由镭原子数减去一或两个 α 粒子,则射气分子量应不少于镭的原子量即 225 太多。问题是,在获得足够量射气以测定其密度之前,是否可以明确测定其分子量。

钍射气扩散至空气的互扩散系数经卢瑟福测定约为 0.09。这会暗示钍射气分子量可能稍小于镭射气分子量。

射气遵循气体定律,不仅只指扩散,还有其他方面。例如,射气在两个相连的储存器中按照容器体积呈比例分配。皮埃尔·居里和丹尼表示,如果其中一个储存器保持温度在 10℃,而另一个在 350℃,则射气在两容器中如同在相同条件下的其他气体一样以相同比例进行分配。

射气因此拥有气体的特征性质,即凝结和扩散。它在低温时也同时遵循 J. A. C. 查理定律,以及后面会提到的波义耳定律。

我们因此可以肯定地说,射气是一种具有较大分子量的放射性气体。

3.4 射气的物理性质和化学性质

至今已开展了许多实验来确定射气是否拥有一定的化学性质,从而使我们可以将之与其他已知气体进行比较,但目前为止没有证据证明射气能够与其他物质结合。在这些实验中,电学方法为测定射气的数量在各种条件下是否会减少提供一种简单而准确的方法。事实上,电学方法是实验中存在的微量射气快速而准确的定量分析方法。

卢瑟福和 F. 索迪[55]表示,射气在被液态空气凝结或通过被电流加热至白热的铂金属管后它的数量并未减少。在一些实验中将射气与另一种气体混合然后通过各种试剂,发现射气并不受试剂影响。从这些实验结果得出,除了惰性的氦气—氩气家族外其他气体在经受上述剧烈条件处理后均不能幸免于发生改变,这预示着射气可能为化学惰性气体。

W. 拉姆塞和 F. 索迪[56]发现在射气与氧气和碱金属在电火花作用几小时后,射气数量未发生改变。然后用磷燃烧除掉氧气,无可见残留物。引入另一种气体并与射气混合,然后吸取射气混合气进行活度测定,结果发现射气活度未发生改变。当将射气引入经加热 3 小时至赤热温度的镁石灰管后,也观察到了类似结果。

由此我们可以得出,镭射气与最近在大气中发现的惰性气体类似,均无特定结合特性。在裂变理论中,射气应该在衰变的同时伴随发射 α 粒子。那么,我们需要解决的一个重要疑问是裂变速率是否受温度影响。衰变速率的变化会导致射气半衰期的变化。这一点已经由皮埃尔·居里做过检验,他发现,连续将射气暴露于低温或高温(−180℃至450℃)不会对射气活度衰减造成影响。

这个结果表明,不能将射气的衰变看做是一种普通的化学离解作用,因为在化学中没有反应能独立于如此巨大的温度变化范围而不受影响。此外,射气的衰变伴随着以极高速度发射出一部分质量,这在化学反应中是从来没有观察到的结果。这就说明,射气发生的变化是原子层面的而不是分子层面的。在射气裂变过程中释放巨大能量的事实强有力证实了这一观点。这在后面会讲到。

3.5 射气的体积

我们已经看到,给定量的镭释放射气的数量在新射气提供速率抵消已有射气的衰变速率时达到最大值。由于射气的该最大值总是正比于镭的数量,则从平衡状态的 1 克镭释放的射气体积应该具有一定的数值。我们早已经知道,1 克镭释放的射气体积很小,但并非小到无法测量。卢瑟福[57]于 1903 年从现有数据计算得出,1 克镭释放出的射气在大气压力和温度下的体积大约为 0.06~0.6 立方毫米。

通过 1 克镭每秒发射的 α 粒子数目的最新实验数据可以对射气的体积进行更加准确的演算。卢瑟福通过测量 α 射线撞击某物体而携带的正电荷数计算得出了该体积数值。假设每个 α 粒子携带离子电荷为 3.4×10^{-10} 静电单位,可以演算出 1 克镭在放射性活度处于最低值时(即将射气及其裂变产物去除)每秒发射 6.2×10^{10} 个 α 粒子。如果我们假设,每个发生裂变的镭原子产生一个射气原子,则每秒产生的射气原子数即等于每秒发射的 α 粒子数。

平衡状态镭中存储的射气的最大原子数目可由下式表示:

$$N_0 = \frac{q}{\gamma}$$

其中 q 为射气的产生速率，γ 为衰变常数。因而，1 克镭的，或者 2.94×10^{19}。

现在从实验数据我们知道，每立方厘米的任何气体在环境大气压和温度下均含有 3.6×10^{19} 个分子。假设射气分子由一个原子组成，则 1 克克镭射气的体积为 $\frac{2.92 \times 10^6}{3.6 \times 10^{19}} \approx 1.0008$ 立方厘米。

我们现在从裂变理论的角度去思考纯射气预计会发生的变化。射气发射 α 粒子而自身衰变成放射性淀质，该衰变产物行为类似一种非气体物质并附着于容器内壁。射气的数量按照指数递减，在 3.8 天降至一半。我们因而预计射气的体积会缩减，由于 1 个月后射气的放射性活度已经衰减至其原值的很小一部分，射气的体积在经过该时间段之后应该也相应缩减至原来的很小一部分。下面就看一看这个理论上得出的结论是如何被验证的。

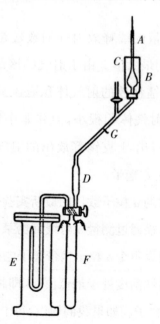

图 3.4　拉姆塞和 F. 索迪的镭射气体积测定装置(A—毛细管；B—梨形瓶；C—液态空气瓶；D—五氧化二磷管；E—倒置虹吸管；F—爆炸量管；)

W. 拉姆塞和 F. 索迪[58] 采用如下方法解决了射气的分离及其体积测定这一难题。持续收集溶液中 60 毫克溴化镭的射气 8 天,然后通过倒置虹吸管 E(如图 3.4 所示)吸入爆炸量管 F。镭溶液快速产生氢气和氧气,射气初始时被这些气体带出,通过 E 进入 F。接着,氢气和氧气在 F 管发生爆炸形成水分子,使稍过量的氢气和射气的混合气体与置于 F 管上部的碱性碳酸钠接触若干时间以吸收其中携带的二氧化碳。同时,将仪器的上半部分尽可能完全排空。关闭与水银真空泵的连接,允许氢气和射气沿管路向上进入测量仪,途经五氧化二磷管 D 以去除所有水汽。射气在 B 管下半部凝结,B 管下半部浸没在液态空气中。射气在 B 管中的凝结过程可通过管下半部发出的亮光观察到。打开与泵的连接让水银进入 A,A、B 再次完全抽空(抽走氢气和其他气体)。关闭与泵的连接,移走 C 中液态空气,则已凝结于 B 底部的射气在非冷却状态下逐渐挥发并在气压差作用下进入经精确校正的毛细管 A。对射气的体积变化进行若干星期的观察,结果如表 3—1 所示。

表 3—1　镭射气体积测定结果列表

时间	体积(立方毫米)	时间	体积(立方毫米)
开始	0.124	第 7 天	0.0050
第 1 天	0.027	第 9 天	0.0041
第 3 天	0.011	第 11 天	0.0020
第 4 天	0.0095	第 12 天	0.0011
第 6 天	0.0063		

之后可以看到射气体积在减少,四周后仅剩极微小的气泡并保留发光至最后。在这个过程中,由于射线的原因 A 管被染上深紫色,而使得体积读数变得困难,因而需要高强度光源照亮读数刻度尺。W. 拉姆塞和 F. 索迪认为第一天射气体积明显突然减少是残留在毛细管壁上的汞所致。一天后再读数则发现体积缩减大致按照指数规律,在 4 天左右降至一半。这也是理论上估算得出的体积降低速率。另一个实验用现制射气来进行,结果发现

有重大不同。开始时气体在环境大气压下体积为 0.0254 立方毫米,然后测定射气在管中一系列不同压力下所对应的体积。结果发现在实验误差范围内射气遵循波义耳定律。不像射气在第一个实验中的表现,射气在毛细管中占据的体积不是缩减而是稳定增加,23 天后为初始体积值的 10 倍;同时,开始在气体水平面下的汞柱中出现气泡。

但是还需要进一步实验来阐明两个实验中观察到的相互矛盾的结果。后面我们会讲到,氦气为射气的衰变产物。在第一个实验中,可能氦气吸附到了管的内壁。这样的结果是未曾预料到的,因为有相当证据表明放射性产物发射的 α 粒子由高速运动的氦原子组成。多数这些原子被掩埋在玻璃管壁中,平均深度大约为 0.02 毫米,它们是否扩散回气体中取决于所用的玻璃材料。似乎最合理的解释是,氦原子被毛细管壁吸收后,在第二个实验中扩散回气体中而在第一个实验中未扩散回气体中。

W. 拉姆塞和 F. 索迪从他们的实验中得出,1 克镭释放的射气最大体积在标准压力和温度下稍大于 1 立方毫米。

所以可以说理论值与计算值 0.8 立方毫米和 1 立方毫米十分接近,也表明计算的理论依据总体上是正确的。

3.6 射气的光谱

在对射气进行分离和体积测定研究之后,W. 拉姆塞和 F. 索迪做了很多实验以测定其光谱图。他们在一些实验中观察到了瞬间的明显光谱亮线,但是由于管中氢气的释放,这些亮线很快消失。W. 拉姆塞和考利继续进行实验,并最终成功获得射气的光谱——持续足够长的时间间隔通过肉眼观察快速测定较明显的光谱线的波长。但是光谱线很快就会消失,并最终完全被氢气的光谱掩盖。他们表示,射气的光谱非常明亮且包含若干亮线,而亮线之间是完美的黑色背景。总体特征上射气光谱与惰性氩气家族的光谱具有惊人的相似性。用现制射气重复该实验,又观察到了其中许多亮线,而且出现了在第一个实验中没有的一些新的光谱线。因而他们认为可以肯定的是,射气具有特定和可清晰识别的光谱亮线。

3.7 射气的热辐射

1 克镭在放射性平衡状态下持续以每小时 100 克—卡路里的速率发射热量。如果通过镭溶液或加热释放射气,则镭的热效应降至最低值即原值的 25%,然后随着新射气的形成放射性活度的增加而逐渐增加,一个月时间间隔后达到原始最大值。含有从镭释放的射气的容器快速辐射热量,射气消除 3 小时后辐射出原镭发射热量的 75%。射气热量辐射速率以与活度衰减相同的速率递减,即热量辐射速率在 4 天左右降至一半。射气的热效应降低曲线和镭热效应恢复曲线同活度曲线一样,是互补曲线。射气和镭的热量辐射之和总是等于镭放射性平衡状态的热量发射。

装射气的容器管的热量辐射不仅仅是射气所致,也是由于自射气形成的放射性淀质所致。支配镭及其产物热量辐射的规律将在第十章详细阐述。

至此可以看出,射气与其衰变产物一起,辐射的热量占镭热量辐射总量的 34。很难将射气的热效应与其快速变化的产物的热效应彻底分清楚,但是毫无疑问射气提供了 14 的镭的热效应。

这样 1 立方毫米的射气—从 1 克镭中释放的射气的最大值—自身以每小时 25 克—卡路里的速率辐射热量。则射气的热效应以与活度相同的速率递减。如果考虑射气后续产物辐射的热量,则射气管辐射的总热量为射气辐射热量的 3 倍,即 9900 克—卡路里。这相应于射气体积约为 1 立方毫米。1 立方厘米(1000 立方毫米)的射气及其产物因而辐射的总热量大约为 1 千万克—卡路里。

氢气与氧气结合形成水释放出热量比任何其他化学反应都多,以重量比计算。1 立方厘米的氢气和 0.5 立方厘米的氧气形成水,释放出 3 克—卡路里的热量。由此我们可以看出,射气衰变伴随的热量辐射是等体积的氢气和氧气结合形成水所释放热量的近乎 4 百万倍。

如果我们假设射气原子量是氢原子量的 200 倍,则可计算出 1 磅射气的能量发射速率相当于 1 万马力。该能量释放呈指数递减，但是在射气生命周期，释放的总能量将相当于大约 6 万马力乘其生命周期。

这些数字代表射气变化过程中伴随着巨大的热量释放。这个能量数量级与最剧烈的化学反应释放或吸收的热量的数量级有巨大的差距。

我们在第十章会讲到，可能每一个发射 α 粒子的放射性产物均会辐射与射气同样数量级的热量。事实上，我们将会知道热量的释放是放射活动的必然伴随产物，它是射气及其产物所发射 α 粒子动能的衡量。

3.8　结果讨论

我们现在简单总结一下本章讲述的镭射气的主要性质。①射气为重气体物质，不与物质结合，但是与惰性气体族性质总体一致，其中最著名的为氦气和氩气。②射气的扩散行为如同具有高分子量的气体并且遵循波义耳定律。③射气具有特定光谱，且光谱类似于惰性气体光谱。④射气可在－150℃时从与之混合的气体混合物中凝结出来。⑤不像普通的气体，射气并不是永久存在的，而是按照指数规律发生衰变。射气的体积因而以与其裂变一样的速率发生递减，即在 3.8 天时射气的体积缩减至一半。射气的衰变伴随发射 α 粒子，并导致出现一系列新的非气体物质沉积在物体表面。放射性淀质的性质及其发生的变化将在第四章详细讲述。

以重量比计算，射气的放射性活度是产生该射气的母体镭活度的大约 10 万倍。由于射气的巨大放射活性，它在黑暗中发光并可使得许多物质产生磷光。射线可迅速使玻璃、石英和其他物体上色，它可使水溶液快速释放出氢气和氧气。射气的衰变伴随巨大的热量释放，数量级为任何化学反应所释放热量的 100 万倍。

我们已经看到，射气及其后续产物的放射性活度占镭总活度（用 α 射线衡量）的 34。虽然射气本身不发射 β 射线或 γ 射线，但是这些射线源自射气的某一个后续产物。因而可通过消除射气而几乎完全消除镭的 β 射线和 γ 射线活度，条件是给予足够时间（几小时）使与镭留在一起的放射性淀质可以失去放射活性。

射气及其后续产物集中了镭放射性的精华。含有镭射气的容器管具有平衡状态时镭的所有放射特性。它可发射 α 射线、β 射线和 γ 射线,释放热量,使许多物质发光。镭本身在无射气和放射性淀质存在的情况下只发射 α 射线。在这种条件下它的放射性活度和热效应只是通常值(放射平衡状态)的 14。

镭可持续稳定产生射气,从表观上看是镭原子的直接裂变产物。遵循与其他放射性物质相同的理论依据,可以假设每秒钟仅总镭原子数的极小部分发生裂变,并且每次裂变发射一个 α 粒子。镭原子减去一个 α 粒子,成为新的物质——射气。射气的原子远比镭原子本身更不稳定,裂变发射 α 粒子并在 3.8 天半数发生衰变。发射 α 粒子之后,射气就变成了放射性淀质。

上面谈到的衰变和射线发射过程如图 3.5 所示。

3.5　镭变过层

通过比较镭及镭射气可以看出裂变产物及其母体物质在化学和物理性质方面的巨大差异。镭为固体物质,原子量为 225,在普通的化学性质方面与钡紧密联系。镭有特定的可清晰识别的光谱,在很多方面与稀土族元素的光谱类似;在常温时不挥发,除了具有放射性外,其他所有性质均与钡类似。另一方面,镭射气为惰性气体,不与其他物质结合。光谱中的亮线总体外观上类似于氦—氩族气体。在 -150℃ 时发生凝结,除了其放射性,射气的性质完全不同于其母体物质镭,如果不是我们有证据证明镭射气由镭产生,很难让人相信两者有任何关系。

第四章

镭的放射性淀质（Ⅰ）

4.1　镭放射性淀质的衰变

在第三章我们已经注意到这样一个事实，即所有镭射气周围的物体会被覆盖一层看不见的放射性沉积物，该放射性沉积物的物理化学性质明显不同于射气。镭的这种"激发"或"诱导"周围物体产生放射活性的特性是由 P. 勒居里首先发现的，最近几年有很多人在对相关主题进行研究。

本章将讨论在该放射性淀质中发生的衰变。一般而言，该沉积物由三种不同物质混合而成，包括镭 A、镭 B 和镭 C。镭 A 源自射气的直接衰变，镭 B 产生自镭 A，而镭 C 则产生自镭 B。

因此三个产物是射气连续裂变的结果。对这些连续发生的阶段进行分析与仅发生两次变化的钍相比更加困难，但是也可以用相同的思路和方法攻克这一难关。

镭的放射性淀质在很多方面类似于相应的钍射气的淀质。它是一种物质，在无电场的情况下，从气体中沉积到所有与射气接触的物体的表面。在强电场中，它大部分富集在负电极。在这一点上它与钍的放射性淀质行为类似。将含有该放射性物质的铂丝浸入盐酸溶液则该放射性物质部分溶解在酸溶液中，待加热整个酸液后则残留在蒸发皿上。使用 10 毫克溴化镭的射气便会使金属丝变得极具放射活性。它会使涂有硅锌矿的屏幕或靠近它的硫化锌产生明亮的荧光。沉积作用完全限制于发生在导体表面。如果横跨硅锌矿屏或者其他在射线作用下发光的物体拉一条强放射性金属线，然后取走金属线，则会看到屏幕或物体上留下了一条明亮的发光足迹。这是由于金属丝与屏幕间的摩擦使得屏幕表面带走了金属线上的一些沉积物粒子。留在屏幕上的发光度会逐渐降低，约 3 小时之后降至最低。将在放射性金属丝上摩擦过的一块布拿近验电器也可以观察到这种摩擦去除放射性淀质的现象。我们会看到验电器几乎瞬间放电，这个放电性质会持续几小时但会逐渐减弱。

对于像钍射气这样生命周期短暂的射气，在无电场作用下，放在发射射气的钍化合物附近的物体产生的激发放射性最大。这个结果是预料之中的，因为射气在扩散至远离其源头之前就已经发生分解。另一方面，在类似含有镭作为射气源的封闭系统中，容器中所有物体会被激发产生放射性。在这种情况下，射气的生命周期长于其扩散至封闭系统的每一处所需时间。

完全屏蔽于镭直接辐射之外的物体会获得放射性。这一结论首先是由 P. 勒居里通过如图 3.5 所示实验明确提出的。在一个小的开口容器 a 中装有以稳定速率释放射气的镭溶液。容器 a 置于封闭容器中，容器内不同位置放置 A、B、C 和 D 板。在射气中暴露一天后，所有板变得具有放射活性，即使直接的镭照射已完全被铅板 P 遮挡的 D 板也不例外。板的给定位置每单位面积的放射性活度不依赖于板材料。云母板和金属板活度无差别。给定区域的激发放射性在某种程度上取决于其邻近位置自由空间的大小。例如，A 板的下表面活度低于其上表面活度，因为下表面的放射性淀质主要来自板 A 与封闭容器之间空隙存在的小量射气，而上表面接触到的射气体积大得多因而可获得更多的放射性淀质。

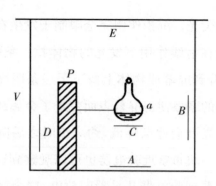

图 4.1　在镭射气存在下激发放射性在各物体上的分布

几毫克溴化镭产生的射气可使暴露于其中的金属丝或金属板获得极强的放射活性,它产生的电离电流可通过灵敏检流计测得。这样极具放射活性的板需要有大的电压通过气体产生饱和电流,除非将测试容器中的板靠得很近。

我们应该首先思考一下有什么证据可以支持认为放射性淀质是镭射气的裂变产物这样一种观点。如果将一些镭射气引入如图 1.10 所示的圆柱形测试容器中,末端封闭,测得通过气体的饱和电流作为放射性活度大小的衡量,该值在几个小时内随时间而增加,一般增至初始引入射气时显示电流值的两倍。相对增量在一定程度上随测试容器大小而不同,因为不同射气产物发射的 α 射线的穿透力不同。

将射气吹出,只留下放射性淀质,则它会在几个小时内失去大部分放射性。无射气的镭不具有产生放射性淀质的特性,因为该特性仅属于射气本身。在物体上产生的激发放射性直接正比于射气的数量,不论射气储存的时间有多久。例如,将在储气瓶中存储 1 个月的现有射气通入测试容器后仍然会使物体产生激发放射性,该激发放射性活度与射气的活度之比,等于从镭释放的新鲜射气样品产生的激发放射性活度与射气活度之比。

射气数量与产生的放射性淀质数量之比为常数是射气为放射性淀质母体的很好解释。例如,假设一个物体暴露于稳定供应的射气中,传至该物体的放射性活度 5 小时后达到稳定限值,即放射性淀质和射气之间处于平衡状态。在这种条件下，每秒裂变的镭 A 的原子数必定等于由射气每秒裂变提供的镭 A 原子数。镭 B 和镭 C 也具有类似结果。由于任何单个产物每秒裂变的原子数目总是正比于存在的原子数目，则可看出平衡时镭 A 原子数必定总是正比于射气原子数。如果为射气的衰变常数，λA、λB、λC 分别为镭 A、B、C 的衰变常数，则三个产物的平衡原子数目由下式表示：

$$\lambda_A N_A = \lambda_B N_B = \lambda_C N_C = \lambda N$$

其中 N 为射气的总原子数，达放射性平衡时，每个产物的原子数将不同，直接正比于该产物的半衰期。快速衰变的产物因而比缓慢衰变的产物数量少。

将射气引入至封闭容器后，我们已经看到它的数量会呈指数递减。但是，由于放射性淀质的产物半衰期相比射气本身很小，放射性淀质在几个小时后便会近乎达到放射性平衡值，之后会与射气以相同速率递减。

激发放射性因而会和射气放射性以相同速率递减。居里夫人和丹尼利用此比例关系测定了射气的衰变常数。他们将射气置于密闭容器中，射气产生的放射性淀质释放 β 射线和 γ 射线，通过测定这些穿过密闭容器壁的 β 和 γ 射线数目可以计算出射气的衰变常数。

4.2 放射性淀质的放射性活度曲线

我们现在详细讨论放射性淀质的放射性活度在不同条件下随时间的变化情况。实验结果初看起来似乎非常复杂，因为活度曲线不仅随暴露于射气的时间不同而变化很大，而且取决于用何种射线作为测量手段，α 射线、β 射线还是 γ 射线。因而每种情况下非常有必要不仅具体说明物体在射气中的暴露时间，而且要说明测量时所使用的射线类型。

放射性淀质衰减曲线不依赖于被激发物体的本质和大小，不依赖于该物体暴露于射气的数量。使金属丝获得激发放射性的合理实验装置设计如图 4.2 所示。

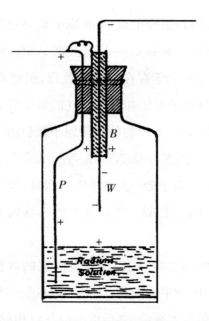

图 4.2　镭射气的放射性淀质富集于带负电金属丝的实验装置

　　将镭溶液置于用橡胶塞封闭的容器中,射气聚集在液面上方空间与空气混合。细金属丝 W 固定于中心杆末端的小孔中。该中心杆通过固定于铜管 B 的硬橡胶塞自由滑动。铂丝 P 穿过橡胶塞浸入溶液。

　　铂丝与铜管之间用金属丝连接。中心杆与 300 伏特或 400 伏特的电池负极连接,铂丝与电池正极相连。在这种情况的情况下,玻璃容器潮湿的内壁、溶液、管 B 带正电,而铂丝 W 是在射气存在下唯一带负电的物体。放射性淀质于是富集在铂丝 W 上,在大量射气存在下,铂丝的放射活性变得非常大。

　　引入铂丝后,在中心杆顶端涂一小层硬蜡以防止射气逸出。铂丝暴露需要的时间间隔后,移走中心杆,取出放射性铂丝。由于铂丝直径小于中心杆,移走中心杆时铂丝不会接触孔壁,这样放射性淀质不会被摩擦掉。

　　为测定该铂丝的 α 射线活度随时间的变化,将铂丝与一根铜杆一端连接形成测试容器的中心极(图 4.2)。

　　如欲使较大的表面获得激发放射性,可将一个金属箔片置于两端封闭的玻璃管中。将玻璃管抽真空然后引入射气，接着放射性物质通过扩散沉积在金属箔片上。取出金属箔片，采用类似图 4.2 所示的两个平行板容器装置和电学方法测试放射性活度。

4.3　α 射线活度变化曲线

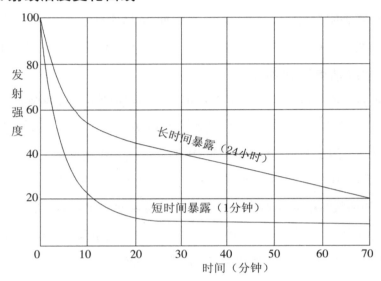

图 4.3　镭射气激发放射性活度的 α 射线衰减曲线

我们首先讨论在射气中短暂暴露的物体放射性活度的衰减，活度用 α 射线衡量。暴露时间（不多于 1 分钟）应该比放射性物体的半衰期短。镭激发放射性活度变化测定结果如图 4.3 中曲线 BB，将获得激发放射性的物体从射气中取出后立即测量其活度，所得活度值为最大活度值，将其设定为 100。

放射性活度开始时非常接近于按照指数规律降低，在约 3 分钟后降至一半。20 分钟后，活度低于初始值的 10%，并在随后的 20 分钟内保持几乎不变，接着逐渐衰减。几个小时后，活度又开始按照近乎指数规律递减，递减周期 28 分钟。

同一图中的曲线为物体长时间暴露在射气后的 α 射线衰减曲线。长时间暴露要求暴露时间（大约 5 小时即足够）应该足以使放射性淀质和射气达到放射性平衡状态。活度在开始3分钟有快速的衰减,接着逐渐衰减,衰减速率小于指数规律衰减速率。约5小时后衰减曲线近乎呈指数衰减,并在约28分钟后降至一半。

活度在开始3分钟的快速变化是由产物镭A所致。最终28分钟的指数规律衰减表明有另一个产物存在,半衰期为28分钟。在对两条曲线中间部分变化做出解释之前我们先看看由β射线和γ射线测得的活度变化曲线。

4.4　β射线活度变化曲线

使用验电器测定β射线活度变化曲线。将放射性金属板或金属丝置于验电器底座下,底座用足够厚度的铝箔纸包裹以吸收所有的α射线。验电器中产生放电则归因于β和γ射线的共同作用,并以前者作用为主。图4.4中的曲线表示金属丝在大量射气中暴露1分钟后,β射线活度随时间的变化。由图4.4可见该曲线特征完全不同于相应的α射线活度变化曲线(图25)。β射线活度开始时很小,但是随时间的增大而增大,约35分钟时达到最大值。几小时后按近乎指数规律衰减,指数衰减时间为28分钟。

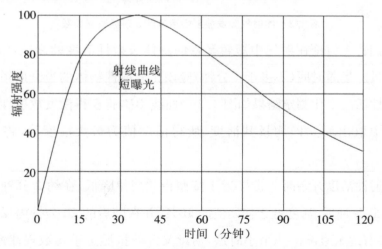

图4.4　短时间暴露于镭射气的物体β射线活度变化曲线

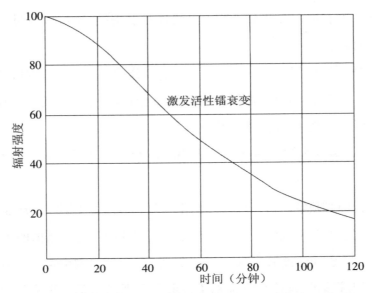

图 4.5　长时间暴露于镭射气的物体 β 射线或 γ 射线活度变化曲线

长时间暴露于射气的 β 射线活度变化曲线如图 4.5 所示。曲线形状与短时间暴露曲线完全不同。活度开始时并未增加,反而降低,开始降低缓慢而后降低加快。与其他情况一样,最终活度呈指数规律衰减,半衰期为 28 分钟。

4.5　γ 射线活度变化曲线

短暂和长时间暴露于射气的单独 γ 射线活度变化曲线等同于 β 射线和 γ 射线变化曲线。用验电器测量,射线在进入验电器前通过约 1 厘米的铅板,这可确保完全切断 β 射线和 α 射线。

β 射线和 γ 射线活度曲线的等同性表明,两种射线总是以同等比例出现。该关系是支持 γ 射线为 X 射线其中一种这一观点的强有力证据。从放射性物质发射 β 粒子的时刻开始产生 X 射线。到目前为止经检验所有情况下两种射线的强度比保持不变,从而表明 γ 射线与 β 射线的关系等同于 X 射线与阴极射线的关系。

4.6　镭的连续衰变理论

我们下面会讨论任意暴露时间镭放射性淀质衰减曲线的特性,不论它的放射性活度衡量方法是 α 射线、β 射线还是 γ 射线,都可以通过以下假设得到圆满解释:

(1)射气衰变产物为镭 A,镭 A 半衰期 3 分钟,衰变时仅发射 α 射线。

(2)镭 A 衰变为镭 B,镭 B 半衰期为 28 分钟,衰变时不发射 α 射线,β 射线或 γ 射线。即镭 B 为非射线产物。

(3)镭 B 衰变为镭 C,镭 C 半衰期为 21 分钟,衰变时发射 α 射线、β 射线和 γ 射线。

因此我们必须解决这三种连续变化问题。但是由于第一个产物镭 A 在 3 分钟内迅速衰变,比如 21 分钟后剩余镭 A 的活度仅是初始值的 1128。

在讨论 β 射线活度曲线时,为简化问题,我们暂且忽略第一个快速衰变过程,并且假设射气直接衰变为镭 B。事实发现忽略第一个衰变过程所得实验结果能更好地与理论吻合。有关第一个衰变过程的曲线特征我们后面会讨论。

钍放射性淀质的活度曲线讨论中,如果假定射气转变为非射线产物钍 A,则短暂暴露的实验曲线可以得到圆满解释,钍 A 的半衰期为 11 小时。钍 A 衰变为钍 B,钍 B 发射 α 射线、β 射线和 γ 射线,且半衰期为约 1 小时。这些通过活度曲线分析推算出的结果得到了实验数据的有力支持,实验中通过各种物理和化学的方法对钍 A 和钍 B 进行了分离。

如果忽略前 3 分钟的变化,镭的衰变可以与钍的衰变进行类比,镭衰变为镭 B,产物镭 B 不发射射线而衰变成镭 C,而镭 C 衰变时则发射 α 射线、β 射线和 γ 射线。

4.7 短期暴露放射性活度计算

最初沉积的应该是一种物质镭 B。假设为沉积的 B 原子数目。离开射气后任意时刻剩余的 B 原子数目则为:

$$P = ne^{-\gamma_1 t}$$

我们之前(见第 2 章 2.4)已说明,镭 B 离开射气后任意时刻存在的 B

原子数目的衰变速率为

$$\frac{dQ}{dt}=\lambda_1 p-\lambda_2 p=\lambda_1 ne^{-\lambda_1 t}-\lambda_2 Q$$

本等式的解表示如下：

$$Q=\frac{N\lambda_1}{\lambda_1-\lambda_2}(e^{-\lambda_2 t}--e^{-\lambda_1 t})$$

离开射气后任意时刻存在的原子数目和如图 4.6 所示。最初沉积的原子数目 B 设定为 100。指数曲线 BB 表示任意时刻尚未发生衰变的剩余 B 原子数目。曲线 CC 为任意时刻存在的镭 C 的原子数目。B 和 C 的半衰期分别为 28 分钟和 21 分钟，于是：

$$\lambda_1=4.13\times10^{-4}(seC.)^{-1},\lambda_2=5.38\times10^{-4}(sec)^{-1}$$

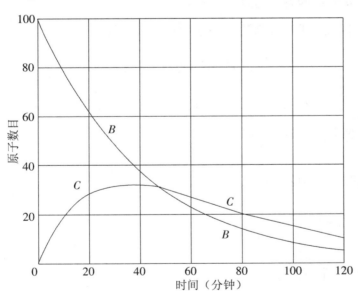

图 4.6　以单一镭 B 为起点的镭 B 和镭 C 原子数目变化的理论曲线

镭 C 原子数最初为 0，并在 35 分钟后增至最大，然后开始减少并在 5 小时后开始以指数规律递减，半衰期为 28 分钟。因此 C 的数目不是根据自身半衰期减少，而是根据无射线产物的较长半衰期减少。这可从以下表达式中看出：

$$Q = \frac{n\lambda_1 e^{-\lambda_1 t}}{\lambda_1 - \lambda_2}(1 - e^{-\lambda_2 t} - e^{-\lambda_2 t})$$

7 小时后，$e^{-(\lambda_2 - \lambda_1)}t = 0.43$

该值几乎可忽略不计。则近乎按照衰减，即按照非射线产物衰减。由于 B 不发射射线而 C 发射射线，所以任意时刻值正比于 B 和 C 混合活度。

在实验误差范围内，因而曲线 CC 在形式上等于短期暴露的 β 射线或 γ 射线活度变化曲线。

4.8　长期暴露放射性活度计算

假设和为在射气中长期暴露后达平衡状态时存在的 B 和 C 的原子数目。则有：
$$\lambda_1 P_0 = \lambda_2 Q_0 = q$$

其中 q 为每秒裂变的射气原子数目。

离开射气后任意时刻镭 B 原子数目值表达为：

$$P = P_0 e^{-\lambda t} = \frac{q}{\lambda_1} e^{-\lambda_1 t}$$

$$Q = a e^{-\lambda_1 t} + b e^{-\lambda_2 t}$$

带入等式后得出：$a \dfrac{q}{\lambda_1 - \lambda_2}$

最初时，$t = 0, Q = Q_0 = \dfrac{q}{\lambda_2}$

使得，$a + b = \dfrac{q}{\lambda_2}$

则有：$b = \dfrac{-q\lambda_1}{\lambda_2(\lambda_1 - \lambda_2)}$

和 $q = \dfrac{q}{\lambda_1 - \lambda_2}(e^{-\lambda_1 t} - \dfrac{\lambda_1}{\lambda_2} e^{-\lambda_2 t})$

$$Q = \frac{N\lambda_1}{\lambda_1 - \lambda_2}(e^{-\lambda_2 t} - e^{-\lambda_1 t})$$

在射气中长时间暴露后镭 B 数目随时间的变化如图 4.7 所示，假设最初存在的 B 原子数目为 100。最初存在的 C 原子数目为。

代表任意时刻 C 原子数目的曲线 CC 开始纵坐标为 77 而非 100。

由于任意时刻 C 的 β 射线或 γ 射线活度正比于，镭 C 随时间变化的曲线应该与图所示长时间暴露的 β 射线和 γ 射线活度曲线形式相同。在实验误差范围内的观察曲线和理论曲线一致表明实际情况确实如此（如 4.7 所示）。

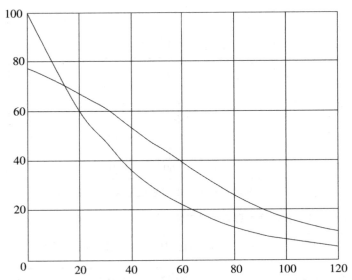

图 4.7　以初始镭 B 和镭 C 达放射性平衡状态为起点的任意时刻

镭 B 和镭 C 原子数变化理论曲线

图 4.5 代表长时间暴露两个连续衰变产物活度变化曲线，由图分析可知第一个产物不发射射线。

将放射性物体从射气中取出后，放射性淀质由处于放射性平衡的镭 B 和镭 C 组成。β 射线活度完全归因于镭 C，暂时忽略镭 B 裂变新生成的 C 的数目。如果 C 单独存在不受干扰，则 C 的数目会按照指数规律递减，即其活度在 21 分钟降至一半，该衰减曲线 CC 如图 4.8 所示。任意时刻 $B+C$ 的观察曲线与理论曲线 CC 纵坐标的差值一定是由于 B 裂变产生的 C 的活度所致。该差值曲线 BB（如图 4.8 所示）形状上应该等同于短时间暴露的放射性淀质 β 射线活度曲线。该活度曲线源自 B 的单独衰变，即初始时仅有

镭 B 存在,而 B 随时间逐渐转变为 C。

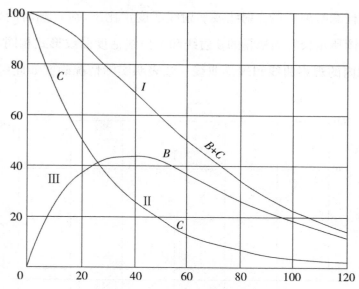

图 4.8 长时间暴露于射气的 β 射线活度变化曲线分析,
用以说明活度源自两种产物,第一个产物为非射线产物

表 4—1　长时间暴露于射气的 β 射线活度衰减

与射气分离后经过的时间(分钟)	观察到的活度值	理论活度值
0	100	100
10	97.0	96.8
20	88.5	89.4
30	77.5	78.6
40	67.5	69.2
50	57.0	59.9
60	48.2	49.2
80	33.5	34.2
100	22.5	22.7
120	14.5	14.9

通过比较曲线 BB 与图 4.5 中的短时间暴露曲线可见两者的等同性。活度起点为 0，35 分钟达到最大值，之后开始衰减。

长时间暴露于射气的 β 射线活度衰减曲线的经验等式早于理论解释的提出。居里和丹尼[60]发现，任意时刻活度可以由以下等式表示：

$$\frac{I_t}{I_0} = ae^{-\lambda_1 t} - (a-1)e^{-\lambda_2 t}$$

$$\lambda_1 = 4.13 \times 10^{-4}(sec)^{-1}, \lambda_2 = 5.38 \times 10^{-4}(sec)^{-1}$$

其中 λ_1 和 λ_2，为常数。常数通过从射气分离几小时后观察到的活度呈指数递减来确定，半衰期为 28 分钟。确定和值以与曲线吻合。此时该等式形式上等同于活度变化的理论等式，即起始衰变为无射线衰变，衰变周期 28 分钟，第二个衰变为射线衰变，衰变周期为 21 分钟。等式 2 给出任意时刻镭 C 的数值表示为：$Q = \frac{Q}{\lambda_1 - \lambda_2}(e^{-\lambda_2 t} - \frac{\lambda_1}{\lambda_2}e^{-\lambda_2 t})$

$Q = Q_0 = \lambda_2 q$ 初始值。

由于任意时刻活度正比于 C 的数目即值：

$$\frac{I_t}{I_0} = \frac{Q}{I_0} = \frac{\lambda_2}{\lambda_1 - \lambda_2}e^{\lambda_2 t}$$

代入 λ_1 和 λ_2 值，对应半衰期分别为 28 分钟和 21 分钟，则：

$$\frac{\lambda_2}{\lambda_1 - \lambda_2} = 4.3, \frac{\lambda_1}{\lambda_1 - \lambda_2} = 3.3$$

所以理论等式不仅形式上与观察等式相符，而且常数值也一致。

如果 B 和 C 都发射 β 射线，则理论与实验之间的这种关系会有很大不同。

4.9 长时间暴露的 α 射线活度曲线分析

现在对长时间暴露的 α 射线活度曲线及其对应的三种产物进行逐一分析。我们需要考虑第一个产物，即发射 α 射线的镭 A。观察到的 α 射线活度变化曲线如图 4.9 的中 $A+B+C$ 所示。该曲线通过检流计测得。将铂金箔片放置于有大量镭射气的玻璃容器中，几天后迅速从容器中取出并将铂金箔片放于测试容器的下板面上,施加饱和电压。由高电阻检流计测量 α 射线活度变化。通过将曲线反向延长至纵轴推算出从容器中取出铂金箔片瞬间的初始活度值。活度随时间的变化如表 4-2 所示

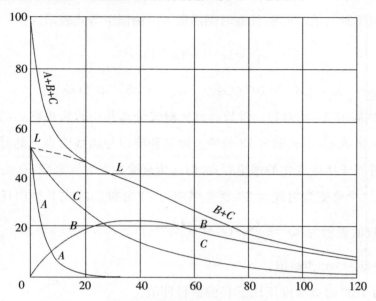

图 4.9 **镭射气长时间暴露** α **射线活度曲线分析**

表 4-2 活度随时间的变化记录

时间(分钟)	放射性活度	时间(分钟)	放射性活度
0	100	30	40.4
2	80	40	35.6
4	69.5	50	30.4
6	62.5	60	25.4
8	57.6	80	17.4
10	52.0	100	11.6
15	48.4	120	7.6
20	45.4		

单独由 A 产生的活度 20 分钟后几乎消失。在 20 分钟的点 $B+C$ 曲线

反向延长于坐标轴交于 L 点。L 点对应纵坐标约为 50。曲线 $A+B+C$ 与曲线 LL 的坐标差值代表镭 A 产生的活度，如图 4.9 中 AA 曲线所示。曲线 A 呈指数递减，半衰期为 3 分钟。对于长时间暴露而言，用 β 射线衡量的曲线 LL 和 $B+C$ 在整个活度曲线范围内形状相同（图 4.5 所示）。由此我们可以得出结论，镭 B 不发射 α 射线。而且我们已经知道镭 B 不发射 β 射线，因此，镭 B 必定为非射线产物。

可以用相应 β 射线活度曲线完全相同的方式分析曲线 LL 和 $B+C$ 对应的两种产物。曲线 CC 代表镭 C 的活度变化，镭 C 在与射气分离的时刻已经存在。曲线 BB 代表镭 C 的活度，镭 C 由镭 B 衰变而成。该 BB 曲线与短时间暴露的 β 射线活度曲线形状相同（如图 4.4 所示）。

我们从以上分析得出，放射性淀质包括三种产物，镭 A、镭 B 和镭 C，并具有以下特点：

镭 A 仅发射 α 射线，半衰期为 3 分钟。

镭 B 为非射线产物，半衰期为 28 分钟。

镭 C 发射 α 射线、β 射线和 γ 射线，半衰期为 21 分钟。

与射气分离后几小时，不论是经过短时间还是长时间暴露，也不论通过 α 射线、β 射线还是 γ 射线衡量，放射性活度均呈指数递减，半衰期为 28 分钟。这是由于非射线产物镭 B 的半衰期较长，支配着最终的衰减速率，尽管真正提供放射性的为半衰期为 21 分钟的产物镭 C。

4.10　镭 A 和镭 B 是否为连续衰变的产物

为简化分析，在以上理论与实验结果的比较中忽略了镭 A 对后续衰变所起的作用。如果镭 B 产自镭 A，则当 A 与射气达到放射性平衡时镭 A 的数量为镭 B 的 328≈0.11。如果镭 A 按照 3 分钟半衰期规律衰变为 B，则大部分镭 A 将在 15 分钟内发生衰变，可以推断出该时间间隔后镭 B 的数量应该比如果镭 A 不衰变为镭 B 的情况下镭 B 数量多 8%。该效应对后续衰减曲线的作用应该可以在合适的条件下测量得出。卢瑟福[61]对该观点进行了考察,但是发现在将镭 A 和镭 B 视为独立产物,即在射气的衰变过程中分别独立产生镭 A 和镭 B 的情况下,理论和实验结果才更加准确。短时间暴露于射气的 α 射线曲线未能给出倾向于任何结论的确定性证据。

然而,镭 A 和镭 B 为独立产物的结论则将涉及非常重要的理论推论,因而在接受这一结论之前必须进行严密考察,以确定实验中能够完全实现有关理论条件。

理论假设镭 A 应该在产生后很快沉积于电极上,镭 A 及其后续产物都不会从电极逃逸;或者换句话说,这些产物在常温下不表现明显的挥发性。

然而毫无疑问,在通常条件下,相当量的镭 A 和镭 B 以及有时镭 C 与射气共存,表明所有这些产物不会迅速扩散至电极。此外,布鲁克斯[62]小姐已经明确表明镭 B 在通常温度下具有挥发性。

目前卢瑟福实验室在进行有关实验以确定理论条件与实验条件间的这种分歧是否足以解释以 A 和 B 为连续衰变产物假设为基础得出的衰减曲线?[63]实验研究了造成理论与实验之间差异的原因。他发现镭 B 并非为非射线产物,而是发射 β 射线,该射线穿透能力小于镭 C 发射的 β 射线。我们已经知道,金属丝短时间暴露于射气后所得 β 射线曲线在将金属丝从射气中取出后经历 35 分钟活度达到最大值,这只有当射线穿过足够厚的吸收屏用以吸收从镭 B 发射的 β 射线的情况下才成立;用较薄的吸收屏时,则会早于 35 分钟达到最大值。将该新因素考虑进去,则有可能是实验曲线完全与镭 A、镭 B 和镭 C 为连续衰变产物的理论一致。

如果镭 A 和 B 证实为独立产物,则有必要假设射气裂变为两个不同的产物,并且发射一个或者多个 α 粒子。据观察,长时间暴露后,镭 A 活度几乎等于当两板足够靠近时镭 C 活度,这与两种假设都不矛盾,只要满足非连续产物假设中每个射气原子裂变为两种产物,同时发射一个 α 粒子这一条件。

根据这个观点,射气产生两种不同族的产物。因此了解这种特征性变化是否有不可否认的证据非常重要,在接受该观点前必须获得这样的证据。如果可以将产物镭 A 从镭或镭的放射性淀质中分离出来,该产物按照指数规律衰减,半衰期为 3 分钟,不产生镭 B 和镭 C,则可完全确定镭 A 和镭 B 是独立的衰变产物。

4.11 温度对放射性淀质的影响

上述讨论中没有证据证明而只是假定镭 B 而不是镭 C 具有 28 分钟半衰期。理论与实验的比较未能对该问题给出线索,因为如果产物镭 B 和镭 C 互换则活度曲线是完全相同的。

对于钍的情况,有必要求助于其他证据解决该 28 分钟属于是镭 B 还是镭 C 的问题。有必要通过物理或化学手段将镭 B 从镭 C 中分离出来,并分别考察它们的衰变速率。

分离的实现是利用放射性金属丝暴露于高温时镭 B 具有较高的挥发性。据盖茨[64]小姐观察,镭的放射性淀质在白热时挥发,并重新在周围的物体上沉积。居里和丹尼[65]对该挥发效应进行了更加详细的考察,并获得了非常有趣的结果。他们通过电流短暂加热被冷金属缸筒环绕的放射性金属丝,然后单独考察金属丝本身以及缸筒内部的放射性活度。在 400℃时,一些镭 B 挥发。因此观察到了加热后易挥发组分活度的变化。该活度值开始时很小,达到最大值后开始衰减,衰减方式与物体短时间暴露于射气的 β 射线活度衰减完全相同(如图 4.4 所示)。这表明最初沉积在缸筒上的物质仅包括非射线产物镭 B,而镭 B 则衰变为射线产物镭 C。在大 600℃时,大部分镭 B 挥发,同时一些镭 C 也挥发。

随后他们进行了一系列实验考察,金属丝 15℃ — 1350℃ 在温度范围内的活度衰减情况。在 630℃时,据称金属丝的活度呈指数衰减,半衰期为 28 分钟。当将温度升至 1100℃时,该指数递减半衰期稳步降至 20 分钟。在该温度下,活度经历最低值,然后在 1300℃时半衰期增至 25 分钟。

由于实验中活度衰减曲线呈指数规律,居里和丹尼认为所有 B 在 630°

时都已挥发。如果确实如此，则结果表明该 28 分钟半衰期必定归于镭 C''。如果这个结论是正确的，那么这将是极其重要的一个结论，因为以前无证据表明温度可改变放射性产物的衰变速率。根据他们的实验，镭 C 的衰变速率由于温度增至 1100℃ 而意外被改变，而在更高温度时，镭 C 的衰变速率又降至正常值。

卢瑟福实验室的布朗森博士[66]进一步考察了温度对放射性淀质的影响。他得到的结果确切表明，温度升至 1100℃ 不会改变放射性淀质的衰变速率，而居里和丹尼得到的实验结果可以通过以下假设得到解释，即假设在他们进行的大部分实验中，经加热后金属丝上的沉积物不仅仅完全是镭 C 而是镭 B 和镭 C 的混合物。

为了彻底确定温度是否对放射性淀质的衰变有影响，布朗森将放射性铜丝置于短小的燃烧玻璃管中，玻璃管在减压条件下密封。然后将密封管在电炉中加热至不同的温度。玻璃可承受的温度大约为 1100℃。考察了较长时间间隔内 β 射线活度。在 2.5 小时和 4 小时之间的活度曲线大致呈指数规律，半衰期为 28 分钟。6 小时之后，曲线完全呈指数递减，半衰期为 26 分钟。在实验误差范围内，可以认为在高达 1100℃ 的衰减曲线与常温时的正常衰减曲线相同。

在这个密封实验中，易挥发产物不能逃逸，所以我们可以肯定地说，温度升至 1100℃ 对放射性产物的衰变速率无明显影响。

在重复居里和丹尼的实验时，布朗森发现，将金属丝加热至稳定的温度后其活度衰减有很大变化，相同温度下在 25 分钟至 19 分钟活度大约呈指数曲线。例如，取出金属丝前将空气流吹入电炉，则金属丝活度呈指数规律递减的半衰期为 19 分钟。类似方式下，如果将冷的铜丝置于放射性金属丝上方，则该半衰期值基本相同。在这种情况下，易挥发产物镭 B 更有可能从金属丝上逃逸。这样得到了若干条半衰期为 19 分钟的严格按照指数规律递减的曲线。这些结果表明，放射性产物镭 C 的半衰期为 19 分钟，而 26 分

钟必定归于镭 B。

据观察，所有情况中活度衰减时间落在 19 分钟和 26 分钟之内时曲线开始并非准确无误呈指数曲线；而时间趋向于 26 分钟时，曲线呈指数规律。当金属丝加热后如果活度源自镭 B 和镭 C 混合物且开始时镭 C 数目占主导，则其衰减规律正是这种情况。活度首先衰减至一半，时间介于镭 B 半衰期和镭 C 半衰期之间。镭 B 衰变速度慢于镭 C，则在一段时间后镭 B 数目开始占主导，并最终支配最终的衰减速率，即活度最终按照指数规律递减，半衰期为 26 分钟。

因此实验表明，尽管镭 B 比镭 C 较易挥发，但很多情况下即使将金属丝加热至远高于其挥发温度也不能使 B 全部去除。

镭 B 和镭 C 两产物的半衰期分别为 26 分钟和 19 分钟，该值略低于之前计算值 28 分钟和 21 分钟。从射气中取出后 2 小时至 4 小时之间，正常条件下，金属丝活度大致呈指数递减，半衰期 28 分钟，这是最初导致选择 28 分钟为其中一个半衰期的原因。然而活度衰减曲线开始并非准确无误呈指数递减直至 6 小时之后完全按指数衰减，时间为 26 分钟。

在对衰变过程进行分析时得出镭 C 的半衰期较之前的计算值短，不过还是保留了镭 B 和镭 C 半衰期 28 分钟和 21 分钟的最初决定。在我们讨论的范围内，半衰期分别为 26 分钟和 19 分钟的镭 B 和镭 C 理论曲线与半衰期分别为 28 分钟和 21 分钟的实验曲线没有太大差别。

镭 B 和镭 C 半衰期保留原来的数据值（28 分钟和 21 分钟）使得用于证明 B 为非射线产物而镭 C 发射 α 射线、β 射线和 γ 射线所采用的方法更加清晰。目前正在对各种衰减曲线的前两个小时进行更加准确地研究。

目前为止讨论的镭的一系列衰变产物示意图如（图 4.10 所示）：

在图 4.10 五个放射性产物中，只有镭 C 发射 β 射线和 γ 射线。其他产物仅发射 α 射线。但是发射 α 射线伴随次级放射产物，这可能是由于 α 射线对物质产生的冲击所致，该次级放射产物由电子组成，电子发射速度小于 β

射线发射速度，因而很容易在磁场中发生偏转。J.J.汤姆逊[67]在放射碲中以及卢瑟福[68]在镭中首先观察到了这种相对缓慢运动的电子的存在。

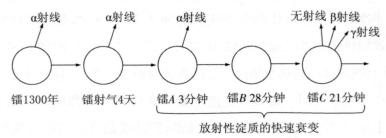

图 4.10 镭及其迅速衰变的产物家族系列

斯莱特[69]小姐最近表示，从钍和镭的射气中发射 α 粒子也伴随发射带负电荷的相对缓慢运动的电子。

这些电子的发射或许不是来自放射性物质本身真正的放射作用，而更可能是 α 粒子撞击或从物质逃逸时产生的次级作用。正是由于这个原因所以将发射的电子称为 β 射线不合理，因为 β 射线应该专指从放射性物质以接近光速发射的 β 粒子。J.J.汤姆逊曾提议将这些发射速度相对缓慢的电子称为 δ 射线。

在第五章中，我们会向大家展示，镭的衰变并不止步于镭 C，而是继续经历更加截然不同的三个阶段。但是对快速衰变的放射性淀质进行分析所采用的计算方法不会因存在这些进一步衰变的产物而受到很大影响，因为这些产物的活度多数情况下还不到刚从射气中取出后放射性物体活度的百万分之一。

第五章

镭的放射性淀质（Ⅱ）

5.1 镭放射性淀质的缓慢衰变

物体暴露于镭射气而后与射气分离，物体并不会完全失去获得的放射性，而总是能观察到残留放射性，该残留放射性不仅取决于物体曾暴露的射气的数量，还取决于物体在射气中暴露所持续的时间。该小部分残留放射性首先是由居里夫人观察到的，而后卢瑟福对它进行了仔细的考察。

从射气取出后，物体的放射性活度开始按照第四章讨论的规律衰减，并最终呈指数规律衰减，半衰期为 26 分钟。取出 24 小时之后，快速衰变的放射性淀质几乎完全消失，剩余的放射性活度一般不到刚从射气中取出后物体活度的百万分之一。

在本章中将讨论该放射性活度随时间的变化以及衍生产物发生的转变。缓慢衰变的放射性淀质包括三个连续产物称为镭 D、镭 E 和镭 F。通过对这些看似不重要的放射体的残留活度进行分析却得出了十分重要的结论：它们揭示了 A. W. 霍夫曼放射铅的起源，$K.$ 马尔克沃德放射碲的起源以及居里夫人钋的起源，我们将说明这些物质其实产生自镭原子的衰变。

在物体上观察到的这些轻微残留放射性初看起来似乎并不是由放射性物质沉积在物体上产生的，而可能是射气对暴露于其中的物体的强大放射作用造成的。

卢瑟福通过以下方式对以上观点进行了考察:将玻璃管内壁覆盖等面积的金属箔纸,包括铂、铝、铁、铜、银和铅。将大量射气引入管中,放置几天时间。分别测试两天后将金属箔纸从射气中取出后的箔纸的放射性活度,结果发现,不同金属箔纸所获得的活度不相等,铜箔纸最大,而铝箔纸最小。

再放置一周后,不同金属箔纸间放射性活度差异已经基本消失。这些最初的活度差异是因金属对镭射气吸收速率的稍微不同导致的。随着射气的解除,不同金属箔纸放射性活度会逐渐达到相等的数值。每个金属箔纸的放射产物均由 α 射线和 β 射线组成并具有相同的穿透力。这表明残留活度不可能是因放射直接作用于物体所致,因为如果是这种情况,我们应该能够预见不同金属放射性活度不仅大小不同而且性质不同。因此我们可以得出,金属箔纸放射性活度是放射性物质沉积在金属箔纸表面所致。我们后面要讲到的实验完全证实了这一点,实验中可以用酸将这些放射性淀质从铂金板上溶解至溶液中,亦可以通过高温使放射性淀质产生挥发。

5.2 α 射线活度随时间的变化

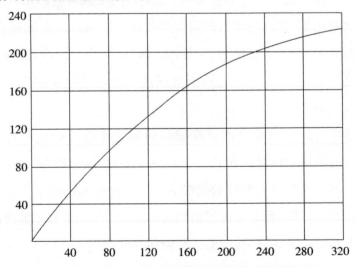

图 5.1 **暴露于镭射气后物体 α 射线活度的增加。**

物体的 α 射线活度在最初几天达到最小值后,开始在随后几年中稳步增加。在最初几个月活度近乎与所经历的时间成正比。之后,曲线(如图

5.1 所示)开始发生弯曲,240 天后——总考察时间——曲线变平缓且显然达到最大值。有关对该放射性活度增加的解释稍后会讲到。

5.3 β 射线活度随时间的变化

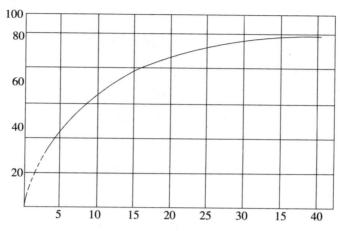

图 5.2 暴露于镭射气后物体 β 射线活度的增加。

该活度是所含镭 E 数量的衡量

残留放射性活度最初包括 α 射线和 β 射线,而 β 射线的存在比例远大于在镭或铀中观察到的。β 射线活度开始很小,但是随时间而增加,并在大约 50 天时达到最大值。放射性活度随时间的变化曲线如图 5.2 所示。将金属板暴露于射气中 3.75 天后取出,24 小时后开始通过验电器观察 β 射线活度。从金属板暴露于射气后的某个中间点开始计时。曲线形状似乎类似于射气或 ThX 的恢复曲线。金属板从射气取出后任意时刻 β 射线活度表示为:

$$\frac{I_1}{I_0} = 1 - e^{\lambda t}$$

大约 6 天后活度达到一半值,50 天后达到最大值。

对 β 射线活度的观察持续 18 个月,但是观察结果表明 β 射线活度实际在 50 天后便开始保持稳定数值。

该特征曲线表明,自初级(或原始)放射源以稳定速率产生 β 射线产物,该放射源的衰变速率非常缓慢，以至在观察阶段来看该速率为稳定常数。从曲线可以得出 β 射线产物的半衰期为 6 天。

α 射线活度和 β 射线活度几乎从 0 开始增加，表明其初级（或原始）放射源镭 D 为非射线产物，后面我们会看到，该镭 D 可能约需 40 年发生半数衰变。镭 D 衰变为 β 射线产物称为镭 E，它的半衰期约为 6 天。

5.4 温度对放射性活度的影响

将从射气中取出几个月后的铂金属板置于电炉中加热几分钟以改变其温度。首先在 430℃ 然后在 800℃ 共加热 4 分钟，α 射线活度或 β 射线活度未发生改变。但是 α 射线活度在铂金属板加热至 1050℃ 时几乎完全消失，而 β 射线活度此时并未显示任何变化。这个结果清晰表明，发射 α 射线的产物比发射 β 射线的产物挥发性更高。

该实验是可利用两产物挥发性的不同对该两产物进行部分分离的另一个例子。

我们现在讨论另一个出乎意料的观察结果——铂金属板的 β 射线活度，尽管在加热后看起来无立即发生变化，实则开始缓慢降低，并最终降至最初值的 14。减去该残留活度后发现，β 射线产物按照指数规律失去放射性活度，并在大约 4.5 天时降至一半。

因此我们可以得出，加热放射性淀质会产生两种作用：不仅 α 射线产物（由 β 射线产物镭 E 衰变形成）被挥发消除，而且初级（或原始）放射源镭 D 的大约 34 也被挥发掉了。

我们因此得出，在三个连续产物的混合物中，第一个产物和第三个产物大部分在 1000℃ 左右时挥发掉，而中间产物未受影响。观察发现，β 射线产物衰变周期在加热后与图 5.1 中的上升曲线推算出的同一产物的时间（6天）不一致。因此需要对该差异产生的原因进一步研究。不过 6 天可能是通常情况下更加正确的数值。

5.5 通过铋分离 α 射线产物

将 30 毫克溴化镭产生的射气凝结于玻璃管中并放置一个月。留在玻

璃表面的放射性淀质用稀硫酸溶解后所得溶液放置一年。在放置过程中,α
射线活度稳步增加。将抛光的铋饼加至溶液中,α 射线产物可通过电化学的
方法沉积在铋表面。如果在溶液中陆续加入若干,铋饼并放置若干小时,则
α 射线产物几乎完全从溶液中分离。将溶液蒸发至干发现仅 10% 的原 α 射
线活度得以保留。

溶液的 β 射线活度在这个过程中未发生改变。铋饼仅发射 α 射线,完全
不发射 β 射线。结果表明,仅 α 射线产物被分离出来。镭 D 和镭 E 则留在
溶液中。如果一部分镭 D 沉积在铋表面,几周后铋表面的镭 D 应会变成镭
E,从而铋饼应会发射 β 射线。但是并未观察到这样的作用。用 α 射线验电
器检测上述铋饼在 200 天内放射性活度的变化,发现每个铋饼的活度近乎
呈指数递减,在大约 143 天时降至原始活度值的一半。因而我们可以得出,
发射 α 射线的物质为单一产物,在 143 天发生半数衰变。如果可以证明该 α
射线产物为镭 E 的后续产物,则可将其称为镭 F。

镭 E 为镭 F 母体的事实可通过以下实验验证。将表面包裹缓慢衰变放
射性淀质的铂丝暴露于 1000℃ 以上几分钟,大部分镭 F 被挥发。检测该铂
丝 α 射线活度在接下来几周的变化。从电炉中取出铂丝后立即测得 α 射线
活度,该值此时很小,而后在接下来的前两周迅速增加,之后活度增加速率
放慢。α 射线活度随时间的变化如图 5.3 所示。如果镭 E 为镭 F 母体,则
可预见显示该曲线特征。高温使大部分镭 D 和镭 F 挥发但留下镭 E。镭 E
在 4.5 天后半数衰变为镭 F。因而开始 α 射线活度由于镭 E 衰变为镭 F 而
迅速增加。几周后大部分镭 E 衰变为镭 F 后镭 α 射线活度增加缓慢,该缓
慢增加是由于未完全挥发的镭 D 和镭 E 产生镭 F 的结果。由此我们得出
镭 E 为镭 F 母体的结论。

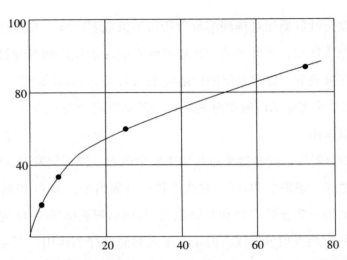

图 5.3 铂板加热至足够高温度去除大部分镭 D 和镭 F 后 α 射线活度增加曲线

我们之前提到过镭 E 由镭 D 衰变而成，而镭 D 本身不发射 β 射线。镭 D 大量存在未挥发时观察到较小的 α 射线活度说明镭 D 不发射 α 射线，因而镭 D 为非射线产物。

5.6 镭放射性淀质缓慢衰变产物总结

对缓慢衰变的放射性淀质进行分析揭示出，镭存在三个连续产物。将这些产物的半衰期及其物理和化学性质表（5－1所示）。

表 5－1 镭放射性淀质缓慢衰变产物总结表

产物	半衰期	射线	化学和物理性质
镭 D	大约 40 年	无	溶于强酸，≤1000℃挥发
镭 E	6 天	β 和（γ?）	1000℃时不挥发
镭 F	148 天	α	在大约 1000℃时挥发，可从溶液中沉积于铋板上

稍后讨论推算镭 D 半衰期的方法。尚未能收集到足够数量的镭 E 以检测它是否发射 γ 射线和 β 射线。但是从对其他物质的检验结果看，两种射线发射总是共存，所以几乎可以肯定镭 E 也发射 γ 射线。

在第四章已经提到，放射性淀质包括三个连续产物——镭 A、镭 B 和镭 C。所以自然得出结论镭 D 是镭 C 的直接衰变产物。然而很难确切表明镭

C 是镭 D 的母体。我们知道镭 D 必定产生自射气或者其中一个产物,而由于产物镭 A、镭 B 和镭 C 为射气的直系产物,则最合理的假设即是产物镭 D、镭 E 和镭 F 也为镭 C 的直系产物。

基于该假设,将镭的各种产物及其半衰期和发射的射线类型用图 5.4 表示如下:

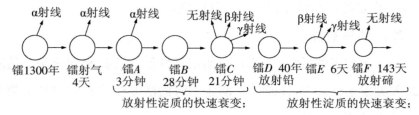

图 5.4 镭及其衰变产物家族

在此简单回顾镭发生的一系列衰变。镭原子相对稳定,平均而言 1300 年仅发生一半衰变。在该原子裂变过程中发射 α 粒子速率小于从镭产物发射 α 粒子速率,且该速率较慢的 α 粒子在被完全吸收前仅能穿过 3.5 厘米厚度的空气。镭由于失去 α 粒子而发生根本性变化,即变为一种气体称为镭射气,而镭射气相比镭极其不稳定,3.8 天发生半数衰变。射气发射 α 粒子后形成产物镭 A,是所有镭产物家族成员中最不稳定的产物,在 3 分钟内发生半数衰变。

下一个产物镭 B 半衰期为 26 分钟。它的特征是衰变时不发射任何射线。这意味着该衰变过程为原子内部发生重组而未丢失质量,或者更可能是,发射 α 粒子速率极其低而不能使气体产生电离作用。稍后会看到,α 粒子在速度降至光速的 140 时便失去电离作用,所以 α 粒子可以相当大的速度被发射而不显示电离作用。接下来是物质镭 C,该产物拥有所有产物中最惊人的性质,镭 C 衰变时发射所有三种类型的射线。似乎镭 C 的衰变伴随最剧烈的原子爆炸,因为不仅 α 粒子的发射速率大于从其他产物发射的速率,而且同时 β 粒子的发射速率几乎等于光速。镭 C 同时发射穿透力极强的 γ 射线。

镭 C 发射的 α 粒子在完全被吸收前可以穿过 7 厘米的空气,而从其他

产物发射的 α 粒子穿越距离不超过 4.8 厘米。在经历如此剧烈的原子爆炸之后,剩余原子镭 D 比镭 C 稳定得多,并且裂变时不发射射线。

下一个产物镭 E 仅发射 β 射线和 γ 射线。镭 E 具有相对较短的生命周期,但是产生的镭 F 则具有较缓慢的衰变。未从镭 F 检测到进一步的衰变产物,镭衰变最终产物将保留在第八章讨论。

5.7 镭 D 的半衰期

镭 D 不发射射线,因而无法直接测定其性质或者其衰变速率。其后续产物镭 E 则发射 β 射线,且通过平衡状态时的活度变化我们能够检测其母体镭 D 衰变速率的变化。

当达到放射性平衡时,每秒裂变的原子 E 的数目总是等于每秒裂变的原子 D 的数目。不幸的是,D 的衰变速率是如此之慢,因而在一年时间间隔中未检测到 E 平衡活度有一定变化,所以可能需要更长的时间间隔通过直接测量的方法来确定 D 的半衰期。

能够对 D 的半衰期进行大致的估计也非常重要,可在若干假设基础上做些实际的推算。假设将一定量的射气引入密封容器,然后放置让其自行衰变。引入射气几小时后,发射 β 射线的镭 C 数目达到最大值,之后开始与射气相同的速率衰减。假定缓慢衰变的放射性淀质在射气消失后可以不受干扰保留 50 天,镭 D 和 E 于是达到平衡。如果镭 D 的衰变遵循普通的指数规律,衰变常数为,λ_1 则镭 D 的生命周期内发射的 β 粒子总数表示为 λ_2。但是如果每个镭 C 原子裂变时仅发射一个 β 粒子,则射气生命周期中发射的 β 粒子总数必定等于最初时存在的射气的原子数。射气形成的 D 原子数也将等于该数值,且如果每个镭 D 原子产生一个镭 E 原子,而镭 E 发射一个 β 粒子,则可以看出射气生命周期内从镭 C 发射的 β 粒子总数必定等于 D 生命周期内从 E 发射的粒子总数。因此,则:

$$\frac{\lambda_2}{\lambda_2} = \frac{q_2}{q_1}$$

很难直接测定从镭 C 或镭 E 发射的 β 粒子数,但是如果假设从镭 C 或镭 E 发射的 β 粒子平均而言能够在气体中产生相等的电离作用,则:

$$\frac{q_2}{q_1} = \frac{i_2}{i_1}$$

其中,$i_1 i_2 i_3$ 分别为 C 和 E 产生的饱和电离电流,两者在同一测试容器相同条件下测得。该比值将值带入则可计算出值。

通过这种方法进一步计算,卢瑟福70得出镭 D 的半衰期大约为 40 年。该半衰期量级大小可能是正确的,但是考虑到所做假设,该值最多是真实值的近似值。主要误差来源可能在于假设镭 C 和 E 的 β 粒子平均而言在气体中产生相同的电离作用。

将通过这种方式预测半衰期所得量级准确性作为标准,我用类似的方法推算出镭 F 的半衰期大约为一年。而自此开始实际观察结果得出该周期为 143 天。由此卢瑟福认为镭 D 的半衰期很可能在 20～80 年之间。

5.8　α 射线活度和 β 射线活度随时间的长期变化

我们现在推算放射性淀质的 α 射线活度和 β 射线活度随时间的长期变化。由于与镭 F 相比,镭 E 的形成速率更快,我们可以首先进行第一个近似假设,即镭 D 直接衰变为镭 F。则问题简化为:如果两个连续产物的半衰期分别为 40 年和 143 天,则如何推算出每个产物任意时刻的原子数目?这恰好类似于第二章(2.4)讨论的有关钍放射性淀质的实际情况,其中钍的两个连续衰变产物的半衰期分别为 11 小时和 55 分钟。

镭 D 和 E 的 β 射线活度在达到最大值后将会呈指数递减,并在 40 年后降至一半。由第二章(2.4)讨论的等式可以推算出镭 F 的原子数在大约 2.6 年时达到最大值,且该物质会最终以与母体产物 D 相同的比例衰减,即在 40 年后会发生半数衰变。图 5.5 中所示的曲线给出了放射性淀质形成后镭 E 和 F 任意时刻每秒裂变的相对原子数。由于镭 F 的放射性活度正比于每秒裂变的镭 F 原子数,我们可以看出,镭 F 的放射性活度将在 2.6 年后从 0

增至最大值,然后开始衰减,半衰期为 40 年。

在目前检测时间范围内 α 射线活度随时间变化与理论曲线一致(如图 5.1 所示)。有趣的是,放射性淀质形成 9 天后观察到的 α 射线活度在 180 年后又达到相同的活度值。

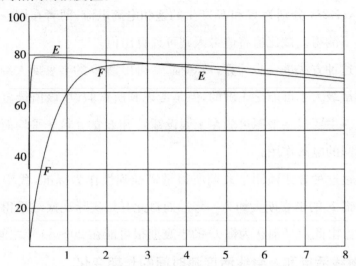

图 5.5　曲线 *EE* 代表每秒镭 *D* 裂变的原子数随时间的变化(曲线 *FF*
代表每秒镭 *F* 裂变的原子数随时间的变化)

镭能够产生缓慢衰变的镭放射性淀质的事实解释了为何在曾经大量使用镭的室内,当把镭拿走后仍能观察到强大的放射性。许多实验人员观察到了这一效应,特别是那些长期从事镭分离和浓缩工作的实验人员。

镭中释放的镭射气通过扩散和对流充满整个实验室并到达远离该实验室且未曾使用镭的其他实验室,使其他实验室也变成了永久的放射性实验室。射气在容器内连续衰变顺次形成镭 *A*、镭 *B* 和镭 *C* 并最终形成发生缓慢衰变的放射性淀质。该放射性淀质沉积在室内和任何建筑内物体的表面。对于给定量的射气,α 射线活度开始时很小,但是会在随后的三年内稳步增加。

物体上的残留放射性活度对放射性方面的工作造成了很大困扰。例如,伊夫[1]发现,在麦吉尔大学麦克唐纳物理实验室里每个物质均显示异常强大的自然放射性。经测试该放射性活度是引入大量镭至建筑物之前同一实验室内观察到活度的 60 多倍。用所有曾暴露于该建筑物的材料做成的验电器均具有较大的由放射性淀质造成的漏电性质。该放射性淀质可用砂纸或酸溶液部分清除以部分消除验电器的漏电性。除非所有验电器或测试容器是由该建筑物之外的材料做成以确保较小的漏电性,否则用这些具有较大漏电性的验电器来测量微弱的放射性几乎是不可能的。一旦建筑物受到镭放射性影响,即使立即将镭移走也无济于事,因为 α 射线活度在未来三年内会持续增加,之后放射性活度会维持上千年。因此,应尽可能减少射气逃逸至实验室空气中并应将所有镭盐保存在密闭容器中。

5.9 镭中放射性淀质的存在

由于镭近乎以恒速产生镭 D,镭 D 含量应该随镭的年龄而逐渐增加。存在于旧镭中的镭 D 可以通过简单的方法进行检测。用新鲜制备的样品镭,持续煮沸 5～6 个小时使射气一旦形成便被马上清除,减少自镭 C 产生的 β 射线活度至放射性平衡时最大活度值的 1% 以下。

如果旧镭用类似的方式进行处理则观察到非常不同的结果。卢瑟福本人有少量不纯的镭,四年前来自 J. 埃尔斯特和 H. 盖特尔教授的馈赠。持续煮沸后,旧镭活度未减至原值的 8% 以下,或单独镭 C 活度的 9%。该残留 β 射线活度是由存储在化合物中的镭 E 所致。

镭 E 的数量将会随时间稳定增长,并在每秒有相同数量的镭 C 和镭 E 裂变时达到最大值。每秒从镭 E 发射的 β 粒子在这种情况下等于镭 C 发射的 β 粒子数。由于镭 D 相比镭本身衰变速率慢,每年产生的镭 D 数量(通过测量镭 E 的 β 射线活度值得到)应该为平衡值的 1.7%。

四年后,镭 E 的 β 射线活度应该为镭 C 的 β 射线活度的 7%。观察值和计算值(分别为 9% 和 7%)因而应看作比较一致。

在镭溶液中加入少量硫酸,镭发生沉淀而产物镭 D、镭 E 和镭 F 由于可溶解于硫酸而留在溶液中。滤液因而含有大量上述三种产物。通过铋饼将

镭 F 从溶液中分离出来,镭 F 所显示的放射性活度与从镭的年龄估算的活度值一致。

5.10　镭放射性活度随时间的变化

我们会在稍后看到,镭本身——不考虑其产物——可能在大约 1300 年发生半数衰变,因而在该阶段每秒裂变的原子数按指数规律递减。由于缓慢衰变的放射性淀质的形成,它提供的放射性活度开始不仅仅弥补镭本身放射性活度的降低,在几百年内放射性活度也会保持升高,但最终会按照镭的半衰期呈指数衰减。

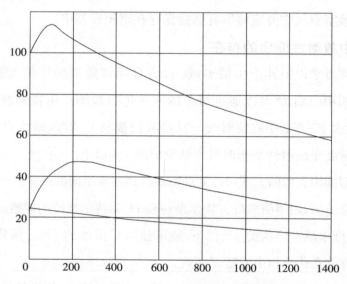

图 5.6　曲线 AA 代表镭发射的 α 粒子数随时间变化的曲线

如果有足够的时间使混合物之间达到放射性平衡,从旧镭发射的 β 粒子数将是镭 C 单独发射 β 粒子数的两倍;相同条件下,镭 E 每秒发射与镭 C 相同的 β 粒子数。

可以从以上两个衰变过程理论计算出镭及其产物发射的 β 粒子将稳步增加直至 226 年后达到最大值。之后,发射 β 粒子数将呈近乎指数递减,递减周期为 1300 年。

镭发射的 β 粒子数随时间的变化如图 5.6 中的曲线 BB。

镭及其快速衰变的产物家族共发射四个 α 粒子,对应于镭 F 发射一个 α 粒子。通过计算可以看出,镭发射的 α 粒子数在大约 111 年后达到最大值,至此为止,发射的总 α 粒子数目将是年龄为一个月的镭发射 α 粒子数的 1.19 倍。正如 β 粒子的情况,发射 α 粒子数目之后将降低,递减周期为 1300 年。

图中曲线 AA 为从镭及其混合产物中发射的 α 粒子数随时间变化的曲线。曲线 BB 代表每秒发射 β 的粒子数曲线 CC 代表每秒裂变的镭原子数。

上述镭活度随时间变化的计算取决于镭和镭 D 半衰期的准确性。这些半衰期数值的改变将会在某种程度上改变放射性活度随时间变化的曲线。

5.11 放射碲与镭 F 的等同性

由于产物镭 D、镭 E 和镭 F 是镭连续衰变的产物,应可在所有含镭的放射性矿物中找到这些产物,且它们的含量正比于矿物中镭的含量。现在有必要考虑一下这些产物是否曾经从放射性矿物中分离出来而命名为其他名字。

我们首先看一看镭 F,它的放射性与放射性非常强的放射碲的活度相同,放射碲由 K. 马尔克沃德从沥青铀矿残渣中分离出来。确立两个产物的等同性主要依赖于以下标准:①两者的放射产物或特征射气的等同性;②两者半衰期的等同性;③放射性产物化学和物理性质的相似性。

其中,第三个衡量标准比前两个重要性稍低,因为在多数情况下分离出的放射性产物不纯,且杂质的存在很有可能会改变表观化学反应。

我们已经知道,镭 F 仅发射 α 射线,半衰期为 143 天,可从放射性溶液中沉积在铋上。这与放射碲行为完全相同。此外,卢瑟福直接比较了放射碲和镭 F 的活度衰减速率,发现两者在实验误差范围内完全相同。两者活度均在大约 143 天失去半数值。S. 梅耶尔和 E. 施维德勒以及 K. 马尔克沃德也分别通过实验检测了放射碲的半衰期。前两者发现半衰期为 135 天,后者发现半衰期为 139 天。考虑到很难在如此长的时间进行准确的对比测量,所以不同观察者得到的数值之间应该可以说是惊人的一致。

卢瑟福也发现,镭 F 发射的射线与包裹有放射碲的放射性铋板发射的射线具有相同的穿透力。从 W. H. 布拉格和其他人的研究工作已经知道,镭的每一个产物均可发射具有一定穿透力的 α 射线,但是不同产物发射 α 射线穿透力有很大的不同。镭 F 和放射碲发射具有同等穿透力的 α 射线为两种产物是同一种物质提供了强有力证据。

我们由此可以得出,K. 马尔克沃德的放射碲的放射性成分中含有镭 F;或者换句话说,放射碲为镭的衰变产物。

K. 马尔克沃德所采用的放射碲的分离和浓缩方法十分有趣。居里夫人从沥青铀矿中分离出含量不到百万分之一的镭本身已经是一个壮举,而 K. 马尔克沃德对放射碲的分离更加明确说明了可以通过化学浓缩的方法分离以极微量存在的放射性物质。

K. 马尔克沃德最初观察到,铋金属杆浸入沥青铀矿残渣溶液中可包覆一层沉积物,该沉积物只发射 α 射线。一段时间之后,溶液中的放射性物质以此方式几乎完全从溶液中沉积到铋金属杆上,并发现该沉积物大部分为碲,因此 K. 马尔克沃德将该放射性物质称为放射碲。后来 K. 马尔克沃德设计了一个简单而有效的方法将该放射性物质从碲中分离出来,并最终获得了比镭放射性更高的物质。

对 5 吨铀残渣(相当于 15 吨约阿希姆斯塔尔矿)进行处理以从中提取放射碲。如果锡、铜或铋的金属板浸入该物质的盐酸溶液中则发现,该类金属板表面均匀覆盖了一层沉积物。这些金属板获得了极高的放射性,且表现显著的电离作用、感光作用和磷光效应。为了说明该物质的巨大放射性,据 K. 马尔克沃德称将 1% 毫克的该物质沉积在 4 平方厘米的铜板上可照亮靠近它的硫化锌屏幕,屏幕发出的光亮可被几百个观众清晰地看到。

由于所涉及材料含量极微小,K. 马尔克沃德未能成功纯化出足够的放射性物质以测定其光谱。镭 F(即纯态放射碲)放射性活度可通过简单的计算方式推算出。假定为 1 克放射性矿物中镭 F 原子数，为镭原子数。镭和镭 F 处于放射性平衡，因而二者每秒裂变原子数相同：

$$\lambda_1 N_1 = \lambda_2 N_2$$

其中，$\lambda_1 \lambda_2$ 分别为镭 F 和镭的衰变常数。镭 F 半衰期 0.38 年，镭半衰期 1300 年。因此，

$$\frac{N_1}{N_2} = \frac{038}{1300} = 0.00029$$

镭和镭 F 的原子量可能没有什么差别。因而，矿物中每克镭含有 0.29 毫克的镭 F。对于等量的镭和镭 F，从镭 F 发射的 α 粒子数大约是从镭本身发射原子数的 3400 倍，或者是年龄为 1 个月的镭发射 α 粒子数的 850 倍，此时镭与它的三个快速衰变的 α 射线产物处于平衡。

假设镭 F 发射的 α 粒子产生的电离数目与镭发射的 α 粒子产生的电离数目相同，电学方法测量的镭 F 活度应该是镭活度的 850 倍。

实验发现，放射性矿物中镭的数量总是正比于铀的含量，每克铀的存在对应于 3.8×10^{-7} 克镭的存在。

每克铀的存在意味着存在 1.1×10^{-10} 克镭 F，每吨（约 2000 磅）铀意味着含 0.1 毫克的镭 F。15 吨约阿希姆斯塔尔矿物中（含有 50% 的铀），镭 F 的产量应该为 0.75 毫克。

K. 马尔克沃德从沥青铀矿中分离出的镭 F 大约为 3 毫克。事实上，不可能从该矿中分离出所有的镭 F，且分离出的这 3 毫克镭 F 可能含有杂质。放射性矿物中镭 F 的理论含量因而与实验结果具有良好的一致性。

尽管矿物中镭 F 的含量比例看起来极小，可是其他快速衰变的产物存在的数量更小。每吨铀中每个产物的重量直接正比其半衰期，所以发生最迅速衰变的产物往往存在的量最少。表 5－2 列出了每吨含铀矿物中每个镭产物的含量。

表 5—2　含铀矿物中的镭及其衰变产物含量

镭及其产物	半衰期	换算成每吨铀中的含量毫克
镭	1300 年	340
镭射气	3.8 天	2.6×10^{-3}
镭 A	3 分钟	1.4×10^{-6}
镭 B	26 分钟	1.2×10^{-5}
镭 C	19 分钟	9×10^{-6}
镭 D	40 年	10
镭 E	6 天	4.2×10^{-3}
镭 F	143 天	0.1

产物镭 A、镭 B、镭 C 和镭 E 因存在的量太小而不能用普通的化学方法检测,虽然它们较短的半衰期使测量容易实现。与镭 F 存在量相比,镭 D 数量存在可观,应该可能获得足够量的镭 D 进行化学检测。

5.12　钋和放射碲

第一个从沥青铀矿中分离出的放射性物质与铋相关,发现者居里夫人称之为钋。居里夫人设计了若干方法对与铋混合的放射性物质进行浓缩,最终成功获得该放射性物质,并发现它的放射性活度与镭的活度相当。钋仅发射 α 射线,它的放射性不是永久不变的而是逐渐递减的。

就钋的射线性质以及钋的物理和化学性质而言,钋可与镭 F 和放射碲相类比。关于放射碲中的放射性成分是否等同于钋中的放射性成分,在不同时期曾出现过很多讨论。最开始有人称放射碲的放射性不会有明显衰减,这方面表现显然与钋有很大的不同。然而我们现在已知道,放射碲确实会失去放射性,而且相当快。

如果两个产物含有相同的组成,则它们的放射性活度衰减周期应该相同。据居里夫人观察,她制备的一些钋的放射性活度不按照指数规律衰减。

例如,硝酸钋在 11 个月时失去放射性活度的半数值,而在 33 个月失去

95％。而一个钋金属的样品在 6 个月失去了 67％的放射性。这些结果完全不一致。金属钋样品失去放射性活度的速率稍快于镭 F,而钋的硝酸盐最开始时活度失去速率则慢得多。如果这些结果可靠,活度变化曲线与指数规律的偏离说明居里夫人实验的钋中含有不一种物质,很有可能第二种构成组分为镭 D。由于镭 D 产生镭 F,因而它的存在会造成 α 射线活度在开始时降低速率小于通常只有镭 F 存在时活度降低速率。

鉴于钋和放射碲在化学、物理和放射性方面的相似性以及它们的半衰期可能相同,卢瑟福认为钋中的 α 射线组成与 K. 马尔克沃德用不同方法分离出的 α 射线组成应该是相同的。因而可以得出,放射碲和钋都源自镭原子的衰变。

最终居里夫人[72]的实验结果明确确定了放射碲的放射性组分和钋之间的等同性。她准确测定了钋的放射性活度衰减曲线并发现,衰减按照指数规律且半衰期为 140 天。这个半衰期与测量得到的放射碲和镭 F 的半衰期相同。

5.13　放射铅与放射性淀质之间的联系

接下来我们描述一些实验,从这些实验中我们得出了产物镭 D 是放射铅的主要构成成分。放射铅是由 A. W. 霍夫曼首先从沥青铀矿残渣中分离出来的。在放射铅的分离及性质方面,A. W. 霍夫曼早期的结论受到了相当多的批判。但是现在已经毫无疑问,从沥青铀矿中分离出的这种新物质归功于 A. W. 霍夫曼,而该新物质经证明为放射碲和钋的母体。

卢瑟福首先注意到放射铅与镭放射性淀质之间可能有某种联系,放射铅样品由纽黑文的 B. B. 博尔特伍德博士提供。卢瑟福发现,放射铅开始时发射与它的 α 射线活度比例不相称的 β 射线,而 α 射线活度随时间逐渐增加。放射铅在这方面表现与最初只含有镭 D 和镭 E 的镭放射产物类似,其中镭 F 逐渐形成,因而导致 α 射线活度的增加。

放射铅与镭 D、镭 E 和镭 F 之间的联系通过化学检验放射铅中放射性组成并确定其衰变周期的方法得到了验证。需要再次说明,"放射铅"的命名是由于它最初是与铅一起以混合物形式分离出来因而得名。而我们现在知道,放射铅中含有的放射性物质和铅之间类似于镭和钡之间,仅仅是从某种矿物中混合分离出来的一种关系,除此之外没有其他特别的联系。

A. W. 霍夫曼、L. 刚德斯和 V. 维尔弗在对一个放射铅样品进行化学检测的过程中得到了如下结果。[73] 首先是将物质加入到放射铅溶液中的实验,然后通过沉淀的方法将物质从溶液中分离出来并考察物质对放射铅溶液产生的作用。将小量氯化铂加入放射铅溶液并放置几周时间,然后用福尔马林或羟胺进行沉淀。所有物质经分离后发现可发射 α 射线和 β 射线。

大部分 β 射线活度在大约六周时消失,而 α 射线活度在一年后消失。我们应该可以看出,β 射线活度是由于分离出的镭 E 所致,镭 E 放射性活度在 6 天衰减至一半,而 α 射线活度归因于镭 F。该结论通过进一步实验研究温度对这些物质放射性活度的影响得到了确证。在完全炽热状态时,α 射线活度在几秒内消失。这与镭 F 在 1000℃ 时发生挥发的实验结果相一致。

加入到放射铅溶液中的金、银和汞的金属盐仅表现 α 射线放射性,如果仅镭 F 从溶液中分离出来则可以解释该现象。另一方面,如果加入的铋盐表现 α 射线和 β 射线放射性,但是 β 射线放射性会迅速消失。这表明铋分离出镭 E 和镭 F。

放射铅的 α 射线活度因形成铋沉淀而大大减少,但会随时间而逐渐增加。如果放射铅含有镭 D、镭 E 和镭 F 则预期结果正好如此。镭 E 和 F 因与铋形成共沉淀而被分离出来,镭 D 则留在溶液中,因而溶液中会有新的镭 E 和镭 F 生成。

A. W. 霍夫曼、L. 刚德斯和 V. 维尔弗对放射性活度的测量并不十分精确,S. 梅耶尔和 E. 施维德勒最近则弥补了这个缺憾,并获得了精确的测量结果。如果放射铅含有镭 D、镭 E 和镭 F,则镭 E 产生的 β 射线活度应该在 6 天衰减至一半,而镭 F 的 α 射线活度则在 140 天衰减至一半。

S. 梅耶尔和 E. 施维德勒对放射铅中各种产物衰减速率进行精确测量所得的结果完全与上述数值相符。他们将一系列钯板浸入放射铅溶液中放置若干时间。取出后发现钯板获得的放射性包括 α 射线和 β 射线。β 射线活度随时间呈指数递减,并在 6.2 天降至一半。发射 β 射线的产物因而与镭 E 相同。α 射线活度在经过几个月之后呈指数递减,周期为 135 天。因而发射 α 射线的产物等同于镭 F。

因此毫无疑问,放射铅在制备一段时间后含有镭 D、镭 E 和镭 F。目前为止,尚未进行实验观察以明确知道镭 D、E 和 F 会与铅一起分离出来还是只有镭 D 与铅一起分离出来,毕竟一段时间后会由于镭 D 的存在而产生镭 E 和镭 F。如果将铋从放射铅溶液中分离出来,似乎镭 E 和镭 F 会与铋沉淀一起分离出来,这样只有镭 D 与放射铅留在一起。

因此可以看出,放射铅中的主要构成组分是放射碲和钋的母体。镭产物与放射铅之间的联系如表 5—3 所示。

表 5—3　镭产物与放射铅之间的联系

镭产物	主要性质比较
镭 D	新鲜制备的放射铅中的产物;不发射射线;半衰期为 40 年
镭 E	铋、铱和钯共分离;发射 β 射线;半衰期为 6 天
镭 F	钋和放射碲中的产物;仅发射 α 射线;1000 ^oC 挥发,沉积(依附)于铋和钯金属表面;半衰期 143 为天

这些结果突出了镭 D 作为沥青铀矿中新的放射性产物的重要性。我们已经提到过每吨铀的矿物中应分离出 10 毫米镭 D。几周后分离的该物质的 β 射线活度应该是镭的 30 倍。一定量的镭 D 应该可以作为 β 射线源,也可作为获得镭 F 的一种方便手段。应该可以从浸入镭溶液中的铋或钯板上获得该物质衰变后的极具放射性的沉积物(放射性淀质)。当然希望镭 D 可以从沥青铀矿残渣中同时与镭一起分离出来,因为在很多方面镭 D 与镭本身一样,在实验中具有非常重要的价值。

第六章

镭的起源与生命周期

6.1 镭的起源与生命周期估算

由于镭本身持续发射出 α 粒子并产生一种放射性气体,镭的数量必定随时间稳步减少。就这一点而言,如射气一样,我们将镭认定为放射性产物,两者唯一不同的是镭的衰变速率相比射气慢得多。给定量的镭不受外界干扰必定最终会衰变至消失,经过一系列衰变之后仅剩下不具放射性的分解产物。

直接的实验方法不可能确定镭的衰变周期,因为我们能够做到的实际观察时间对于镭而言实在是太短了。对镭放射性活度的准确测量也不会提供任何有价值的信息,因为镭的缓慢衰变实际引起的放射性活度的稳定增长持续长达几百年。

但是我们可采用若干间接的方法推算出镭可能的半衰期,这将有赖于获得以下数据:①每秒发射出的 α 粒子数;②镭的热效应;③镭释放的射气的体积。

方法一。我们首先考虑第一个方法,即基于排出的 α 粒子的速率。通过测量镭薄层排出的 α 射线所携带的电荷,卢瑟福[75]得出,从 1 克镭在活度最低时每秒排出的 α 粒子的总数目为 6.2×10^{10},假设每个 α 粒子携带通常意义上的 3.4×10^{-10} 静电单位的离子电荷。当镭与其快速衰变的产物家族达到放射性平衡时,每秒发射的粒子数则为放射性活度最低时的 4 倍。

最简单的假设是每个原子发生裂变时排出一个 α 粒子。因而每秒有 6.2×10^{-10} 个镭原子发生裂变。现在已经从实验数据计算出,1 立方厘米的气体,比如氢气,在标准大气压和标准温度时含有 3.6×10^{19} 个分子。由此可以得出,1 克原子量为 225 的镭含有 3.6×10^{21} 个镭原子。每秒衰变的镭所占的比例则为:

$$\frac{6.2\times10^{10}}{3.6\times10^{21}}=1.72\times10^{-11}$$

或者每年为 5.4×10^{-4}。

与其他所有放射性物质一样,镭的数量必定按照指数规律递减,所以它的衰变常数为 5.4×10^{-4} 年。

由此得出,镭在大约 1300 年发生半数衰变。镭原子的平均寿命由 1λ 计算得出为 1800 年。

方法二。镭的寿命也可以根据镭的热效应进行计算,我们将在第十章讲述,这种方法也为直接获得排出的 α 粒子动能的测量方法。卢瑟福通过测定镭排出的 α 粒子的速度和质量,得到 α 粒子平均动能为 $5.9\times10^{-6}\,ergs$(尔格)。实验克镭辐射热量的速率为每小时 100 克—卡路里。如果这是由于 α 粒子的动能所致,则每秒发射该粒子的数目必定为 2.0×10^{11}。从镭本身发射的粒子数为该数值的 14。用方法一的计算方法得出镭的半衰期约为 1600 年,该数值与第一种方法差别不算太大。

方法三。我们现在讨论如何根据从 1 克镭释放的射气的体积来计算镭的寿命。W. 拉姆塞和 F. 索迪计算得出,释放射气的最大体积稍微大于标准大气压和标准温度时的 1 立方厘米。按照 1 立方厘米含有 3.6×10^{19} 个分子计算,每秒产生的射气的分子数目为平衡状态时存在的射气分子数的倍,其中为射气的衰变常数。假设(很可能是事实)射气为单原子气体,每个镭原子衰变产生一个射气原子,则每秒裂变的镭原子数为 7.6×10^{10}。则按照以往的计算方法得出镭的半衰期为 1050 年。

前两种方法涉及 1 立方厘米的气体含有的原子数的假设。而基于射气体积的计算方法没有涉及此假设。如果一个镭原子通过失去 α 粒子衰变为一个射气原子,则射气的原子量必定小于 200。扩散实验得出的数值为 100,但是前面(第三章 3.5)已经提到,我们有理由证明该数值被低估了。1 立方毫米的射气因而质量为 100 立方毫米的氢气的质量,即 8.96×10^{-6} 克。每秒产生的射气的质量为该值的倍,即 1.9×10^{-11} 克。每年产生的射气的质量为 6×10^{-4} 克,该值必定近似等于每年裂变的镭的质量。由此得出的镭的半衰期约为 1300 年。

如果考虑到这些计算中所用数据准确度的不确定性,则实际上三种方法得出的数值应该说比较一致。在计算中我们会取 1300 年作为镭半衰期最可能的数值。

因此,镭以相对而言比较快的速率发生裂变,在几千年后,就镭本身而言已经失去了大部分的放射活性。假设镭的半衰期为 1300 年,则可计算出 2.6 万年之后,只有百万分之一的镭未发生裂变。为讨论方便,如果我们假设地球最初由纯的镭组成,则 2.6 万年后观察到的放射性活度应该与我们今天在沥青铀矿样品中观察到的一致。该年数与地球矿物的年龄相比很小(除非进行非常不切实际的假设,即镭在地球历史晚期以某种方式突然形成),这必然使我们得出镭在地球上持续产生的结论。之前卢瑟福和 F. 索迪曾表明,镭或许是沥青铀矿中某种放射性元素的裂变产物。铀和钍两种元素符合是镭母体的条件。两种元素的原子量大于镭,且两者的衰变速率均小于镭。粗略的检测表明,铀最可能是镭的母体,因为总是发现镭在含铀矿物中以最大量存在,而一些钍的矿物含镭量很小。

我们下面思考如果铀是镭的母体结果会怎样。铀形成几千年以后,镭数量应该到达既定的最大值。铀产生镭的速率被镭自身的衰变速率抵消。在这种情况下,每秒裂变的镭的原子数等于每秒裂变的铀的原子数。至目前观察到的结果为止，铀在衰变为铀 X 的过程中仅发射 α 粒子。铀 X 不发射 α 射线而发射 β 射线和 γ 射线。另一方面，我们已经知道镭本身和它的四个产物，即射气、镭 A、镭 C 和镭 F 发射 α 射线。镭及其衰变产物排出的 α 粒子数目应该是铀发射粒子数目的 5 倍。假设镭产物发射的 α 粒子与铀发射的 α 粒子产生大约相同的电离作用，则大部分成分是铀的放射性矿物的活度应该是铀本身的 6 倍。而据目前结果显示，最好的沥青铀矿放射性活度是铀活度的 5 倍，所以理论结果大约与实际情况相符。但是在准确知道铀和每个镭产物发射的 α 粒子产生的相对电离数目之前，我们无法肯定得出铀与镭（及镭产物）相对放射性活度的大小。

如果铀是镭的母体，则据此推出的另一个结论是：任何放射性矿物中的镭含量应该总是正比于铀的含量。鉴于铀或镭均未曾通过物理或化学作用从矿物中分离出来的事实，所以上述推论必定成立。B. B. 博尔特伍德、[76]J. W. 斯特拉特[77]和麦考伊[78]对这个有趣的问题进行了研究并得出了极其重要的结果。

麦考伊准确比较了不同放射性矿物的放射性活度，结果表明在所有情况下，矿物的放射性活度几乎总正比于其含铀百分数。但是由于放射性矿物含有一些锕，有时还会有钍，表明所有物质的活度加在一起正比于含铀的数量。B. B. 博尔特伍德和 J. W. 斯特拉特采用一个更直接的方法，即测定放射性矿物中铀和镭的相对含量。铀的数量通过直接的化学分析测定，而通过测量矿物溶液释放的镭射气的数量来测定镭的数量。镭的相对数量可以用电学的方法得到更加准确的测定，这也是最方便的定量比较不同矿物中含镭数量的方法。

他们观察到的两种结果都显示，在每个检测的矿物中镭和铀以一定比例的含量存在，除了一种情况（稍后讲）。矿物从欧洲和美洲各个不同的地点获得，它们在化学组成和含铀量上有很大不同。耶鲁大学的 B. B. 博尔特伍德博士从实验中得出的结果表明含铀量和含镭量之间存在惊人的常数比关系,他在实验中采取了非常小心和准确的测量措施。

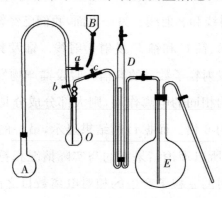

图 6.1　B. B. 博尔特伍德实验装置

我们对 B. B. 博尔特伍德所采用的测量方法作一简单讲解。所考察矿物中含铀百分数首先用化学分析法测定。将已知重量的矿物精细粉末放入玻璃容器 A 中(如图 6.1 所示),加入足够量的酸使矿物溶解。然后将酸溶液加热至沸腾直至所有的矿物完全溶液,释放出的射气和空气的混合物收集在管 D 的水柱顶部。然后将该射气引入至封闭的验电器(如图 1.6 所示),引入射气前先将验电器抽真空。然后引入空气直至验电器内气体达到环境大气压。由于射气产生的激发放射性,验电器的放电速率直至引入射气三小时后才达到最大值。验电器金箔叶的移动速率用以衡量存在的射气的量。从矿物中同时与镭射气释放的还有钍或锕的射气,但由于它们的活度衰减速率极快,在引入镭射气至验电器之前已经完全消失。重复上述过程以考察所有矿物的情况。

B. B. 博尔特伍德观察到,一些矿物具有相当大的射气发放能力,即矿物在固态时失去其中的射气。在这些条件下,溶液以及煮沸的矿物溶液中释放的射气数量会小于平衡状态时的数量。这可通过密封已知重量的矿物至管中一个月,然后用同一个验电器测量射气的数量(收集矿物上方的空气)进行适当的校正。两者之和相应于平衡状态时矿物中镭产生的射气的量。

B. B. 博尔特伍德获得的结果如表。栏 I 中数值代表溶液及沸腾溶液释放的射气的量（任意单位）；栏Ⅱ为逃逸至空气中射气所占百分数；栏Ⅲ为矿物中铀的量；栏Ⅳ为放射性平衡时射气的量除以含铀量（Ⅰ/Ⅲ）。

如果镭的量总是与铀的量呈一定比例，则栏Ⅳ中的数值应该相同。除了一些独居石有例外，再考虑到不同矿物含铀量有很大变化且矿物来源广泛，可以说Ⅳ中数值具有惊人的一致性，因此，这些结果直接证明了矿物中的含镭量正比于含铀量这一结论。

B. B. 博尔特伍德对一些独居石的仔细观察结果可作为铀和镭在矿物中的含量比为所有放射性矿物物理常数的另一个有力证明。他发现这些含镭量很高的独居石，虽然之前的分析未显示铀的存在，但在他仔细考察后发现确实有铀存在，且含铀量与含镭量之比与表6—1所述比例相符。以前未检测出铀的存在是铀以磷酸盐形式存在所致。

表6—1　矿物中镭与铀的含量关系研究表

矿物质名称	地理位置	Ⅰ（射气）	Ⅱ（逃逸射气%）	Ⅲ（铀）	Ⅳ（射气/铀）
沥青铀矿	北卡莱罗纳	170.0	11.3	0.7465	228
沥青铀矿	科罗拉多	155.1	5.2	0.6961	223
脂铅铀矿	北卡莱罗纳	147.3	13.7	0.6538	225
沥青铀矿	约阿希姆斯塔尔	139.6	5.6	0.6174	226
硅钙铀矿	北卡莱罗纳	117.7	8.2	0.5168	228
沥青铀矿	萨克森	115.6	237	0.5064	228
硅钙铀矿	北卡莱罗纳	113.5	22.8	0.4984	228
钍脂铅铀矿	北卡莱罗纳	72.9	16.2	0.3317	220
钒钾铀矿	科罗拉多	49.7	16.3	0.2261	220
铀钍矿	挪威	25.2	1.3	0.1138	221
铌钇矿	北卡莱罗纳	23.4	0.7	0.1044	224
橙黄石	挪威	23.1	1.1	0.1034	228
黑稀矿	挪威	19.9	0.5	0.0871	228
钍矿	挪威	16.6	6.2	0.0754	220

褐钇铌矿	挪威	12.0	0.5	0.0557	215
钇易解石	挪威	10.0	0.2	0.0452	221
磷钇矿	挪威	1.54	26.0	0.0070	220
独居石（砂）	北卡莱罗纳	0.88	…	0.0043	205
独居石（晶体）	挪威	.84	1.2	0.0041	207
独居石（砂）	巴西	0.76	…	0.0031	245
独居石（大块）	康涅狄格州	0.63	…	0.0030	210

关于铀与镭成比例共存于矿物中一个特例是,丹尼最近发现在 *aone－et－Loire* 的 *Issyl'EVêque* 附近地区的某些沉积物中含有相当多的镭,但其中并未检测到任何铀的存在。在磷氯铅矿(铅的磷酸盐)、含铅的黏土中发现了放射性物质,但是在磷氯铅矿中通常镭含量较高。磷氯铅矿存在于石英矿和长石矿的矿脉之中。由于周边有泉水的缘故致使矿脉总是潮湿的。磷氯铅矿中铀的含量百分数因不同的样本而有很大不同,但是丹尼称每吨磷氯铅矿平均含有 0.01 克的镭。

这一带富含镭一点儿也不奇怪,很可能镭是被地下的泉水从远处携带过来并沉积在岩石上,因为在离该区域大约 40 英里的地方找到了钙铀云母晶体。上述观察结果也说明,在一些情况下镭可以通过溶解在水中的方法从放射性矿物中分离出来,并在水的携带下遇到合适的物理和化学条件而沉积下来;同时也说明可能还有某些地方富含镭的沉积物亟待人们去发现,这些地方具有适于镭溶解和再次沉积的条件。

6.2 镭在矿物中的含量

矿物中每克铀的镭含量为常数具有实际和理论的双重意义。最近卢瑟福和 *B. B.* 博尔特伍德通过对已知重量的沥青铀矿中释放的射气与已知量的纯溴化镭在溶液中释放的射气进行比较,并测得了该常数。实验中溴化镭样品取自德国布伦瑞克的 *Quinin FABrik*,以前已发现该溴化镭每小时放热大于 100 克—卡路里。P. 勒居里和 M. A. 拉波尔德从样品制备得的纯氯化镭放热速率大约为 100 克—卡路里每小时。由此我们可以得出,制备所得的镭较纯。将该已知重量(约 1 毫克)的镭化合物溶于水,经过顺次稀释后得到每立方厘米含有 10^{-6} 克溴化镭的标准溶液。取溴化镭组成为 $RABr2$,镭原子量为 225,则含每克铀的矿物相对应含镭为 3.8×10^{-7} 克。

由此可以得出,每吨铀的矿物中含 0.34 克镭。由于提取镭的放射性矿物通常含有大约 50% 的铀,则每吨矿物镭含量应该为 0.17 克。

首先做一个近似假设,从镭及其产物以及从铀发射的 α 粒子发射速率相同,在与铀达到放射性平衡时,镭及其快速衰变的产物家族成员的放射性活度应该是铀的 4 倍。取纯镭的活度为大约三百万倍于铀,则产生该活度需要的镭的量为:

$$\frac{4}{3 \times 10^6} = 1.33 \times 10^{-6}$$

观察到的量 3.8×10^{-7} 相对来说远小于以上计算值。但考虑到平均而言从镭发射的 α 粒子比从铀发射的 α 粒子具有较大的穿透力因而在气体中产生更多的离子这个已知事实,则上述理论计算值与实验值可以说比较一致。

6.3 铀溶液中镭的增长

尽管镭和铀在所有放射性矿物中的含量比例为常数,以及二者含量的理论值与观察值具有一致性为铀是镭的母体这一理论提供了强有力的证据支持,但在通过实验证实镭能够在最初不含镭的铀溶液中逐渐累积之前,我们还不能完全说明上述结论的成立。

我们可以通过裂变理论估算镭产生的速率。每年裂变的镭的比例经计算(本章 6.1)大约是 5.4×0^{-4}。含每克铀的矿物中相应的含镭量为 3.8×10^{-7} 克。镭的存在可以通过镭射气进行检测。以 1 千克铀为例,每年形成的镭的量为 2×10^{-10} 克。从该数量的镭中产生的射气可以致使金箔叶验电器几秒内完成放电，这样可以轻易测得一天产生的镭的数量。

    F. 索迪[79]用 1 千克硝化铀溶液进行镭的增长实验。首先对硝化铀进行化学处理，以去除原有的少量镭，经处理后的硝化铀放置在密闭容器中。不断定时检测放射性平衡时溶液中形成的射气的量。初步实验结果显示，镭的产生速率远小于理论值，开始时几乎观察不到镭的生成。后期实验中，F. 索迪发现在 18 个月的实验过程中，溶液中镭的数量明显增加了。

    这段时间之后溶液种含有大约 1.6×10^{-9} 克的镭。由该值得出每年铀的衰变比例大约为 2×10^{-12}，而理论值为 2×10^{-10}，或者说理论值是观察值的 100 倍。

    惠瑟姆也发现了类似的结果，但是他观察到镭的产生速率快于 F. 索迪观察到的速率。另一方面，B. B. 博尔特伍德未发现确定性证据表明镭产生于铀，尽管在他的仪器上检测到了极其微小量的镭。在实验中，B. B. 博尔特伍德通过逐级重结晶的方法得到了 100 克几乎不含镭的铀。重结晶后的铀溶液用同一台仪器未检测到任何镭的存在，而重结晶前他肯定检测到了 1.7×10^{-11} 克的镭。

    重结晶后的铀溶液放置一年后，他的验电器中的射气未产生任何作用，该验电器灵敏度与第一个实验相同。这样的结果表明，铀经过 B. B. 博尔特伍德的方法纯化后在一年内肯定不会产生可测量的镭量，新生成的镭量最多不过理论值的千分之一。

    尽管观察值与理论值的比值远小于 1，卢德福认为对 F. 索迪的铀中生成镭的实验应该没有太多疑问。就目前所知，铀裂变发射 α 粒子并产生铀 X，该铀 X 的半衰期为 22 天且仅发射 β 射线和 γ 射线。未检测到进一步的放射性产物，所以我们不能说进一步的裂变出现在镭形成之前。比如，如果铀裂变产物 UrX 为非射线物质且衰变速度很慢，这倒是可以间接解释镭从铀中形成的速率缓慢。假设通过 B. B. 博尔特伍德的逐级重结晶法对铀进行纯化，则有可能非射线产物已完全从铀中分离出去。在以明显的速率产生镭之前,中间非射线产物一定已经形成了一定的数量。如果非射线产物半衰期为几千年,则出现可以检测量的镭则需要几年的时间间隔。

中间过渡产物 UrX 的假设也解释了 F.索迪和 $B.\ B.$ 博尔特伍德实验结果之间的差别。F.索迪实验的铀溶液中最开始时观察到的痕量镭部分通过与钡共沉淀的方法去除。这个过程可能未去除几年来一直在铀中不断累积的中间产物。因此,F.索迪使用的未纯化的铀溶液更适合于说明镭的生成,而 B.B.博尔特伍德使用的经过纯化处理的铀溶液则比较不适合。

卢瑟福认为没有理由可怀疑纯化的铀溶液将最终会表现出镭的存在,尽管在形成可检测到的量之前需要几年的时间间隔。

铀发生衰变而导致镭的产生,过程如图 6.2 所示

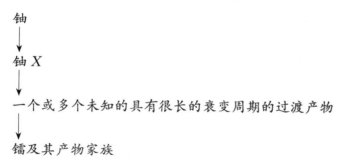

图 6.2　铀的衰变导致镭的产生

无疑铀 X 和镭之间的中间产物最终将通过化学的方法得到分离。假设只有一个中间产物,很可能该产物为非射线产物。可以利用它开始时以恒速产生镭的性质检测到该产物的存在。例如,如果未知中间产物完全从含有 1 千克铀的放射性矿物中分离出来,开始时产生镭的速率将为 $4×10^{-7}$ 克年,或者 10^{-9} 克天。后者数值很容易测量得到,因而应该仅需要几周时间的观察即可获得该中间产物产生镭的证据。

相对于铀而言,镭所处的位置在化学中是非常独特的。因为这是首例可以根据量已知的一个元素的存在而准确预测另一个元素的存在。很可能这种关系将最终扩延至包括所有放射性元素及其产物,也可能包括一些看

上去无放射性的物质；某些特定的元素总是以相同的比例共存于沉积矿物中是不同寻常的现象，然而并无显而易见的化学原因能解释这些元素之间的关联。

第七章

铀、钶与放射性元素

7.1 铀的衰变

在第 6 章我们分析了发生在钍和镭中的一系列衰变的详细情况。我们也有兴趣知道另外两个放射性物质铀和钶是否也有类似的关联性，我们首先对这两种放射性元素的衰变做一个简单的综述。

铀的产物发射 α 射线、β 射线和 γ 射线，不过尚无确定证据证明铀释放射气。铀在这一点上不同于钍、镭和钶。但是经过更加仔细的观察也许会发现铀与其他几个放射性元素一样，也释放射气且射气的寿命极其短暂。如果释放的射气仅维持不到百分之一秒，则想通过电学方法检测到该射气将是非常困难的。

到目前为止在铀中观察到的只有一个直接衰变产物铀 X。该物质首先由威廉·克鲁克斯爵士[80]通过两种不同的方法分离得到。第一种方法，他将过量的碳酸铵加入到铀溶液中使铀产生沉淀。产生的少量沉淀中含有 UrX。W. 克鲁克斯发现，经过沉淀处理后的铀溶液几乎无照相底板感光作用，而与等质量的铀相比，含有 UrX 的沉淀则显示强烈的感光作用。后续实验对该现象给出了清晰的解释。对于铀而言，UrX 仅发射 β 射线，而 β 射线产生的感光作用远远大于容易被吸收的 α 射线产生的感光作用。UrX 从铀溶液中沉淀出来不会以任何方式改变铀的 α 射线放射活性（通过电学方法测量），但是会导致铀溶液完全失去 β 射线放射活性。

W. 克鲁克斯采用的第二种方法，是将铀溶解到醚中，此时铀在醚相和水相间进行不均等分配。水相部分含有所有的 UrX，而醚相部分则呈感光惰性。

H. A. 贝克勒尔[81] 采用了另外一个分离 UrX 的方法。他将少量钡盐加入到铀溶液中，接着加入硫酸使之发生沉淀。密度较大的钡沉淀中携带着 UrX，经过几次处理后，UrX 几乎完全从铀中分离出来。H. A. 贝克勒尔首先注意到 UrX 在一段时间后失去放射活性，而铀失去的放射性则得到恢复。

卢瑟福和 F. 索迪测得了 UrX 失去放射性活度的速率。与单一放射性产物的衰减曲线一样，UrX 的衰减曲线符合指数递减规律，UrX 在大约 22 天时失去一半的活度。由于铀中新生成的 UrX，铀的 β 射线恢复曲线与衰减曲线成为互补曲线。

与钍和镭中观察到的结果进行类比，我们可以得出，铀以稳定的速率产生新的产物 UrX。由于 α 射线活度不会因 UrX 的清除而受到影响，所以很可能铀在裂变时发射一个 α 粒子而铀自身转变为 UrX 原子。而 UrX 裂变时发射一个 β 粒子。UrX 的衰变产物可能呈惰性，也可能它的放射活性极其微弱以至于不能直接用电学方法检测出该产物的衰变。

图 7.1　铀发生的裂变过程。

铀发生的裂变过程如图 7.1 所示。

我们已经提到，UrX 可能进行一个或多个长期的衰变过程，衰变特征可能为无射线衰变，并最终转变为镭。

铀展示的 β 射线放射活性有几点引起了关注。比如，S. 梅耶尔和 E. 施维德勒[82] 就对不同条件下结晶后铀 β 射线活度的异常变化产生了兴趣。该放射性活度的变化表观看起来像是结晶过程对 UrX 的衰变具有一定的直接影响。卢瑟福实验室的戈德莱夫斯基83进行了一系列实验，最终对 S. 梅耶尔和 E. 施维德勒观察到的谜团给出了简单解释。

将铀的硝化物溶于足够量的水并加热使之完全溶解。将装有热溶液的小表面皿放置在 β 射线验电器下。溶液的 β 射线活度在溶液冷却过程中保持常数，但当铀物质开始在表面皿底部出现结晶时，β 射线活度迅速增加，在结晶完成时放射性活度值达到初始活度的几倍。经历最大值后，活度又逐渐减小，一个星期后，放射性活度值等于制备成溶液前的硝酸铀的放射性活度值。

戈德莱夫斯基还做了另外一个简单的实验。结晶作用完成后，将晶饼立即从表面皿中取出，将晶饼下表面朝上倒置于验电器下，发现晶饼下表面的 β 射线活度值很低，但会逐渐增至正常值。它对该结果给予了如下解释：UrX 比铀本身更易溶于水。当表面皿底部开始形成结晶时，UrX 被推向溶液表面。进入验电器的 β 射线整体而言需要穿过铀溶液的深度比以前小。β 射线活度因而会增至结晶作用完成。晶饼的下表面含有较少的 UrX，因而表现出较小的 β 射线作用。上表面 β 射线活度的逐渐降低以及下表面活度的增加，似乎是由于 UrX 通过结晶体进行扩散所致。该扩散过程持续至 UrX 均匀分布至整个结晶体。这一过程发生相对较快，即使是完全干燥的晶体也会发生 UrX 的扩散。很可能各组分溶解度不相同的混合物均会发生这种扩散作用或诸如此类的作用，所以如果想对刚刚经过化学处理的宏观物质的放射性活度变化给予解释实在是需要格外的谨慎。

可以利用 UrX 比铀更易溶于水这一特点实现对 UrX 的部分分离。如果将硝化铀溶于稍过量的水中进行结晶化，则新形成的晶体表面的残留液体中将会含有很大一部分 UrX。

7.2 锕的衰变

镭和钋发现后不久，A. 德拜耳尼宣告沥青铀矿残渣中有一种新的放射性物质存在,它将之称为锕。该物质与钍一起从放射性矿物中分离出来,可通过适当的方法将锕与钍分离。几年以来人们对锕的放射特性知之甚少。同时,F. O. 吉赛尔曾独立观察到,一种新的放射性物质与镧和铈一起从放射性矿物中分离出来。该新物质很容易释放一种寿命非常短暂的放射物(射气),由于这个原因他将该新物质称为"发射放射物的物质",该名称后来被更名为"emanium"。A. 德拜耳尼发现,锕发射的射气在 3.9 秒失去半数放射性活度。后来很多其他观察者表示,F. O. 吉赛尔的新物质"emanium"产生的射气和锕产生的激发放射性具有相同的衰减速率。因此 A. 德拜耳尼的锕的放射性组分应与 F. O. 吉赛尔的"emanium"相同,因而仍沿用原来的名字"锕"。目前还未分离得到足够量的纯锕以进行原子量或光谱测定。

F. O. 吉赛尔和 A. 德拜耳尼制备得到微量放射性活度很高的锕,似乎纯锕活度与镭具有相同的数量级。F. O. 吉赛尔制备的锕很容易释放射气,并可激发靠近它的硫化锌屏产生磷光。锕射线的闪烁现象比镭的 α 射线更显著。我们可以通过一项特别的实验证明锕连续迅速释放寿命短暂的射气。将少量锕包于纸中并放在硫化锌屏上。从这些锕物质中发射的 α 粒子被纸阻挡,但射气可以透过纸张进入周围空气中。从射气排出的 α 粒子使硫化锌屏发光。用透镜检查发光屏幕可以看出光线由大量闪烁亮点组成。用空气轻轻将射气吹走,则亮光消失片刻后又因新的射气生成而立即恢复。由于射气的扩散作用光亮迅速从锕扩展至全屏。十分轻微的空气流即可使光亮产生显著的扰动,并且光亮会随着气流方向移动。

戈德莱夫斯基[84]对锕发射的 α 射线、β 射线和 γ 射线进行了考察。β 射线明显比较均一,它比从其他放射性物质发射的 β 射线穿透能力弱。这表明 β 粒子基本以相同的速率发射,该发射速率低于其他物质发射 β 射线的平均速率。锕的 γ 射线的穿透力也低于镭的 γ 射线的穿透力。无强穿透力的 γ 射线发射很可能与无高速运动的 β 粒子发射相关联,因而从镭以近乎光速发射的 β 粒子可能会比以较低速率发射的 β 粒子产生更加具有穿透力的脉冲。

对于放射性质,锕与钍极其类似。锕发射短暂存在的射气,该射气衰变为放射性淀质,在电场中该放射性淀质会集中沉积在负极。通过长时间暴露于锕射气而获得的放射性淀质在与射气分离后放射性活度开始减弱,10分钟后活度呈指数衰减,半衰期为34分钟。布鲁克斯姐[85]小表示,短期暴露于锕射气的激发放射性活度曲线与相应钍的放射性淀质活度曲线表现相同的行为。活度首先增加,大约8分钟达到最大值,并最终以指数规律递减,半衰期为34分钟。

对锕放射性淀质的解释与钍的放射性淀质解释相同。发射α射线的射气衰变为非射线产物锕A,锕A的半衰期为34分钟。锕A衰变的产物称为锕B,锕B的半衰期为2分钟,并可发射α射线、β射线和γ射线。

根据布鲁克斯的观察,得出了锕B而不是锕A的半衰期为2分钟。将沉积在铂板上的放射性淀质溶于盐酸,然后将溶液进行电解,则发射α射线的放射性物质沉积在其中一个电极上。该放射性淀质呈指数规律失去放射活性,半衰期约为1.5分钟。这表明发射射线的锕B必定为半衰期较短者。

当戈德莱夫斯基[86]和F. O.吉赛尔[87]分别独立从放射性很强的物质锕X分离出锕时,锕与钍的可类比性变得更加显著。按照从钍中分离ThX完全相同的方式,用氨水将锕沉淀而使锕X与锕分离。锕形成沉淀后锕X留在母液中,在母液中共存的还有锕A和锕B。戈德莱夫斯基发现锕X呈指数规律失去放射性活度,半衰期大约为10天。已经完全不存在锕X的锕与此同时逐渐恢复放射性。但是在从其各自的元素中化学分离锕X和ThX时,有几点不同需要关注。对于钍,钍A和钍B微溶于氨水,因而不会和ThX一起分离。而锕则基本相反,放射性淀质易溶于氨水,因而会与锕X一起分离出来。

经过连续若干次沉淀操作分离出锕X后,锕本身只保留其正常放射性活度的小部分,而对于钍,则剩余α射线活度大约为总活度值的14。如果锕

完全与锕 X 及其后续产物发生分离,则似乎有可能该元素本身将不会显示
α 射线活度或 β 射线活度,换言之,锕本身为非射线物质。O. 哈恩[88]得出的
结果(见第二章 2.10)已经指出不含放射钍的钍也可能为非射线物质。他最
近(1906 年)从锕分离出了另一个产物,并将之称为"放射锕"。该产物介于
锕和锕 X 之间,发射 α 射线,半衰期大约为 20 天。锕本身为非射线物质。
戈德莱夫斯基曾在未知情况下从锕中分离出该产物,否则由于锕中有放射
锕所以应该发射 α 射线。莱文曾发现锕 X 不发射 β 射线。锕中只有锕 B 发
射 β 射线。

戈德莱夫斯基表示,锕的射气为锕 X 的直接产物而不是锕本身。在这
一点上,ThX 和锕 X 具有相似性。锕发生的衰变过程如图 7.2 所示。

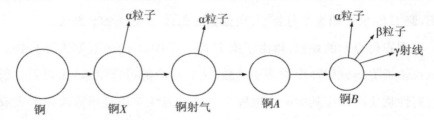

图 7.2　锕及其衰变产物家族

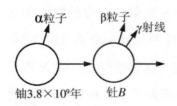

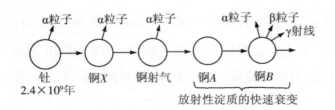

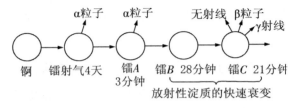

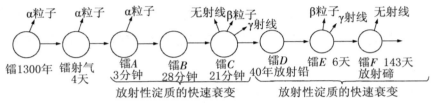

图 7.3 放射性元素及其衰变产物家族

对钋和钍发生的衰变进行比较(如图 7.3 所示,图中应该将放射钍、放射钋分别放于钍和钍 X、钋和钋 X 之间)可以看出两种物质连续衰变的相似性非常值得关注。它们不仅衰变产物的数目相同,而且各自产物在总体上化学性质和物理性质也紧密相连。两者的一个重要不同点在于,钋的放射性淀质与钍的放射性淀质某些物理性质的不同,比如在各种溶液中的溶解性有显著不同,以及钋的放射性淀质在较低温时即可被挥发。总体而言,钋和钍两种物质的放射性转变的类似性表明,它们尽管化学性质截然不同,但是原子构成却非常类似,而且一旦裂变过程开始,两种物质的原子都经过类似的一系列转变。

7.3 放射性元素之间的关联

放射性元素发生的一系列衰变过程可用图 7.3 表示。物质钍、镭和钋在衰变过程中表现许多有趣的相似点。每种物质均产生射气,所产生的射气与原物质元素本身相比寿命很短。到目前为止所做的相关方面的实验表明,这些射气没有既定的结合性质,显而易见属于氦—氩惰性气体一族。所有这些已知射气均产生非挥发性物质,该物质沉积在物体表面并可在电场中聚集在负电极上。这些放射性淀质发生的衰变也非常类似,每个淀质均产生非射线产物,而随后的产物则发射所有三种类型的射线。而且所有的非射线产物都具有较长的半衰期,换言之,非射线产物相比其衰变后的射线产物更加稳定。

钍 *B*、锕 *B* 和镭 *C* 比起其他相应产物发生裂变更加剧烈,因为它们不仅发射速率更高的 α 粒子,而且发射高速的 β 粒子。在原子内部经历如此剧烈的爆炸之后,所得到的新原子系统渐渐进入较持久的平衡状态,目前为止还未能通过放射性方法检测到后续的衰变产物镭 *C* 和锕 *C*,而镭 *D* 衰变速率则十分缓慢。

由于不同家族产物性质的相似性太显著,因而很难让人认为只是巧合,相反的,这应该说明必定有某种规律控制着所有放射元素连续衰变的各阶段。衰变产物标记着原子的不同裂变阶段,代表着原子再次裂变为一种或多种稳定的新物质之前可暂时停留一段时间的位置。

那么现在一个有趣的问题产生了:原子失去一个 α 粒子之后能够以一种以上稳定形式短暂存在吗? 以爆炸力发射一个 α 粒子之后,原子内部必定会进行重组形成永久或暂时稳定的体系。能够想象得出新体系可能会有不止一个相对稳定的结构,在这种情况下,除了 α 粒子之外必定会形成两种或多种裂变产物。这些稳定的原子体系,尽管原子量相等,由于结构不同因而会表现不同的化学性质,而且应该有可能将它们彼此分离。这些产物未必需要等量形成,一个产物可能相比其他产物以更大量存在。此外还有另一个可能,原子内部的剧烈扰动可导致排出一个 α 粒子并造成原子裂变成两部分而产生原子量不相等的两个新原子。比如,在镭 *C* 或钍 *B* 剧烈裂变的过程即可产生这种作用。

目前为止已知的裂变过程,每种情况下裂变除了排出粒子外仅导致一种物质的形成,还未发现需要在上述两个理论间进行选择的必要性以便解释某些裂变过程或产物。但是放射性元素裂变后产生主线产物之外的产物也不是没有可能。电解法已经证明了它在分离溶液中含有的极微量放射性元素裂变产物方面的重要价值,而电解法在该领域的应用也绝非仅止于此。

7.4 非射线性衰变

我们已经看到大多数放射性物质裂变时排出 α 粒子；除此之外，还有小数目的物质发射 β 粒子并伴随着 γ 射线，而少数物质仅发射 β 粒子。还有一类特殊物质，它们在衰变时并不发射射线。

我们前面已经说明镭和锕均存在两种非射线产物，钍也可能有两个非射线产物；也已经讨论过检测该类非射线产物存在的方法以及测定其物理和化学性质的方法。由于非射线产物不会发射导致气体电离的射线，所以只能通过检测后续产物数量的变化间接观察该非射线产物的存在。通过间接的方法，我们不仅能够测定非射线产物的衰变周期，而且可以测定其更加显著的化学和物理性质。

除了无迹象表明它们发射 α 粒子或 β 粒子之外，非射线产物显然在所有其他方面均类似于射线产物。非射线产物为不稳定物质，按照与其他放射性产物相同的指数规律裂变，并产生另一个化学和物理性质不同的新物质。

非射线产物的衰变一般有两种方式。首先，衰变时不是实际排出原子系统的一部分，而是原子内部系统的重组以形成新的暂时稳定的体系。基于这个方式，非射线产物原子与后续产物原子应具有相同的原子量，而原子结构实质不同，因而它们的物理和化学性质也不相同。可将衰变前后的两种物质与元素硫类比，硫以两种不同的形式存在。但是这种类比也只能停留于表面，因为衰变前后两种物质的原子拥有完全不同的化学和物理性质，不论是在固体中还是在溶液中。

非射线产物衰变的另一个假设是，它们的衰变类似于射线产物，唯一不同是 α 粒子发射速率不足以产生显著的气体电离作用。在转变过程中有实际的质量丢失，但是该丢失无法通过电学方法检测。再考虑到第十章讨论的一些实验结果，这样的假说也并非不可能。当 α 粒子速度低于镭极速发射 α 粒子速度最大值的 40% 时，也即从镭 C 发射 α 粒子速度，则 α 粒子的感光作用、磷光感应和电离作用变得相对很小。由于镭 C 发射的 α 粒子速度为光速的 115,可见物体可以较大速度发射 α 粒子而产生较小的电效应。我们别忘了,通常非射线产物后面跟随的是高速发射 α 粒子的产物,该高速发射的 α 粒子产生强大的电离作用,非射线产物即使发射低速 α 粒子而其可产生的微弱电离作用也会被完全掩盖。

很难通过设计和成功实施某项实验来确定关于非射线产物转变的假设哪一种说法是正确的,但是许多人支持非射线产物发射无法用通常方法检测到的低速 α 粒子这样的观点。

7.5 衰变产物的性质

我们已经知道,除了几个例外,放射性元素的衰变产物存在量都很小,一般不能用直接测量其质量或体积的方法检测。尽管在母体物质中存在极微量的这些产物,它们发射具有电离作用的射线的性质不仅可用于测量衰变速率,而且可推断出它们的一些物理性质和化学性质。

电学方法已经成为对以极小量存在的放射性物质准确进行定性和定量分析的有效手段。通过该方法可以观察到 10^{11} 克缓慢衰变的物质如镭的存在,而对于快速衰变的物质像钍射气,则可检测到该量的万分之一,即 10^{15} 克。事实上,正如之前指出的,电学的方法能够检测到每秒只有一个原子发生裂变的放射性物质的存在,假如该物质在衰变过程中排出高速粒子。

有了验电器的协助,化学分离方法的应用范围被大大扩大了。人们已经发现普通的化学分离方法,不管是依赖于溶解性的不同还是挥发性的不同,抑或是电解性质的不同,依然适用于以极微量存在的物质。在检测微量的放射性物质方面,验电器在灵敏性上远超过天平甚至光谱仪。

因此,放射性的研究间接为化学领域研究微量放射性物质的性质提供了新的方法。在这个新的领域中还有很多工作未展开,也许是因为还未充分认识到它们的重要性。

人们的注意力早已经被吸引到连续衰变产物在性质上发生的巨大改变中。镭衰变成镭的射气以及由射气衰变成放射性淀质就是一个很好的例子。衰变产物彼此之间在物理和化学性质方面几乎完全不相似。你很难相信这些物质源自镭原子的直接转变。

在多数裂变阶段镭原子均会失去一个 α 粒子，该粒子的表观质量大约是氢原子的两倍。百分之一质量的下降产生出全新的原子结构，新原子所具有的化学和物理性质与母体原子并无明显关系。但是如果从化学类比性考虑，原子性质发生彻底改变也并不奇怪。原子量无太大差别的元素经常拥有完全不同的性质，因而我们有理由预计原子量的降低会导致物质的化学性质和物理性质的根本改变。

放射性产物来源于物质的原子而非分子的连续衰变。每一个衰变产物成为不同的元素，该新元素与已知非放射性元素相比不同之处仅在于，组成该衰变产物的新原子的相对不稳定性。例如，镭射气即为新的基本粒子性物质，拥有不同于其他元素的原子量和光谱。对于任何一个单一产物，如果有可能在比其衰变周期短的时间内通过化学方法检测它的存在，则会发现该物质拥有一个新元素应具有的不同性质。它应有既定的原子量和光谱以及其他物理和化学性质。至于它们作为元素所处的位置，无法在相对稳定的元素比如铀、钍和镭与它们的快速衰变产物之间划出分界线。从放射性角度看，这些物质的原子在稳定性上彼此不同。每个放射性元素的原子在稳定性上可能有着巨大的不同，但是如果给予足够的时间，它们必定会经历一系列连续的转变而最终消失，最后只剩下裂变后呈放射惰性或稳定性很高的产物。

没有证据表明在通常条件下裂变过程是可逆的。我们可从镭获得镭的射气，但是不能将射气再变回至镭。在整个地球历史发展过程中裂变过程是否可逆将在第十一章讨论。

7.6　放射性元素的生命周期

我们已经看到，每一个发出射线的单一物质在转变为另一个产物后数量会减少。其转变速率直接正比于衰变常数，而反比于衰变周期。任何单一物质的半衰期可作为该物质原子稳定性的相对度量。可用直接测得的衰变速率来表示物质原子的稳定性,对于不同物质而言,该数值的变化范围很大。例如,镭 F 的原子半衰期为 140 天,与半衰期为 3.9 秒的钍射气原子相比,前者稳定性是后者的 300 万倍。如果我们将初级(或原始)放射性元素铀和钍原子包括进来,则原子稳定性范围将会更大。

通过比较它们的 α 射线活度可以大致推算这些物质的衰变周期。由于铀是镭的母体,在老的放射性矿物中铀和镭的相对数量直接正比于两种物质的衰变周期。现已知任何放射性矿物中每克的铀相应含有 3.8×10^{-7} 克的镭。

钍的半衰期可能是该数值的 3~4 倍,因为钍的放射性活度大约与铀相同,钍产生 4 个 α 射线产物,而铀只产生 1 个。为了使任何给定质量的铀大部分发生衰变,需要至少 1010 年。

在获得纯锕之前我们无法确定锕的半衰期。如果锕的放射性活度与镭的活度具有相同的数量级,则它的半衰期也可能与镭的半衰期具有相同的数量级。

同一物质的连续衰变形成的产物之间的半衰期或者不同物质的衰变产物之间的半衰期似乎不存在明显的关系。但值得一提的是,具有高度稳定性的物质一般在衰变后会产生若干相对不稳定的产物。这一规律在钍、镭和锕中得到了很好的体现,它们的多数已知产物都经受着快速的衰变。

7.7 铀、镭和锕之间的关联

我们已经对铀和镭及其产物放射铅和钋之间存在的关联性进行了清晰阐述,所以我们现在关心的是铀和钍,以及铀和锕之间是否存在类似的关系。锕总能在铀矿中发现,而且锕的衰变周期可能与镭的相当,则它必定可能以某种方式产生自母体物质铀。

$B. B.$ 博尔特伍德博士和卢瑟福针对该疑问进行了研究。如果锕为铀的主线产物之一,则锕或铀矿的活度应该与镭的相当。由于铀和锕之间会达到放射性平衡,两种原子每秒裂变的数目应该相同。锕有 4 种 α 射线产物,而镭有 5 种,则矿物中锕的放射性活度应该与镭及其家族成员产物的放射性活度相当。然而在科罗拉多晶质铀矿中观察到的放射性活度几乎完全是由其中的铀和镭产生的。锕产生的活度只是镭及其产物活度的一小部分。锕有可能产生自铀,但与镭有所不同,它可能不是铀的直系产物。我们前面已经提到,一些物质的衰变可能会产生两种不同的过渡态物质。锕有可能源自铀或铀的产物,但是产生的量比起另外一个产物小得多。这样的一种关系可以解释铀和锕之间明显的关联性,同时可以解释锕存在量很小的事实。

至于钍和铀之间的关联性,我们尚无确定的证据。许多矿物含有铀和极少的钍,但是 J. W. 斯特拉特曾表示,他所检验的每一个钍矿均含有一些铀和镭。他认为钍是铀的母体。通过对方钍矿进行分析也可以得出这样一种关系。形成自大地质时代的方钍矿产自锡兰(今天的斯里兰卡),含有约 70% 的钍和 12% 的铀。该矿中的铀或许源自钍的分解。然而对这种说法有一个严重异议,即钍的原子量 232.5 小于通常被大家接受的铀的原子量 238.5。如果这些原子量数值是正确的,则钍不可能是铀的母体,除非由钍产生铀的过程与通常观察到的放射性转变完全不同。

第八章
氦气与放射性衰变

8.1 氦气的发现

　　可以说氦气的发现历史拥有某些戏剧性色彩。1868 年，P. 勒 J. C. 詹森和 N. 洛克耶在太阳色球层中观察到一条黄色的亮线，且与任何已知地球物质均不同，所以应该是一种新元素，N. 洛克耶将它命名为"氦"。经过进一步比较显示，在色球层中存在的某些其他特定光谱线总是伴随着该黄线，表明可能是氦的特征光谱。

　　科学家不仅在太阳中观察到氦的光谱，而且在许多星星中观察到了氦的光谱；在一些类型的星星中，现在已知为氦星，氦的光谱占主导。直到 1895 年才发现地球上存在氦的证据。瑞利勋爵和 W. 拉姆塞爵士在大气中发现氩气后不久，有人便开始对各种矿物进行搜索以探究氩气是否可从矿物源中获得。1895 年，迈耶斯在《自然》杂志发表了一篇文章，其中对美国地质调查局的希勒布兰德[89]于 1891 年获得的结果表示了极大兴趣。在对许多含铀矿物的详细分析中，希勒布兰德发现矿物溶液释放相当量的气体。当时他认为该气体可能为氮气，尽管也注意到与普通氮气相比这种气体表现一些特别性，尤其是克利维特铅青铜矿物在加热或溶解时释放出大量的气体。W. 拉姆塞[90]采购了一些该矿物以检验该气体是不是氩气。他将从克利维特铅青铜矿物释放的气体引入到真空管中后观察到了与氩气完全不同的光谱。N. 洛克耶 91 对光谱进行仔细研究后发现,该光谱与他之前在太阳中发现的新元素氦的光谱完全相同。自从 30 年前在太阳中发现氦以来,如今终于也在地球上发现了氦的存在。于是科学家很快对氦的性质进行了研究,结果发现氦光谱由界线分明的复杂光谱亮线组成,最值得注意的是靠近钠 D 线的亮黄线 $D3$。

氦气为轻分子量气体,密度是氢气的两倍,除了氢外,氦原子比其他任何已知元素的原子都轻。与氩气一样,氦气不会与任何其他物质结合,因而必定归类为 W. 拉姆塞在大气中发现的化学惰性气体一族。通过测量充满氦气的管中的声速计算出氦的两个比热容之比为 1.66,双原子气体比如氢气和氧气该比值为 1.41,这表明氦为单原子气体,即氦分子仅含一个原子,氦原子就是氦分子。由于在相同压力和温度下氦气的密度为氢气密度的 1.98 倍,则可以得出氦的原子量为氢的 2 倍,即氦的原子量为 3.96。该原子量是仅仅通过密度对比得出的结果,由于氦不能参与任何化学结合反应,所以该原子量数值的准确性不如许多其他可通过更加严格的化学方法测得的元素的原子量。

在大气中氦仅以极微小的比例存在。在最近 W. 拉姆塞发表的一篇文章中指出,1 体积的氦存在于 24.5 万体积的空气中。氦存在于某些矿物中确实令人惊讶,因为没有显而易见的原因能够说明为何惰性气体元素会与矿物有关系,而许多情况下水或者气体是无法渗透进矿物的。

而放射性的发现给这一问题提供了新的启迪。按照放射性裂变理论,我们可以预见在放射性矿物中会找到放射性元素衰变的最终或非放射惰性产物。由于许多放射性矿物非常古老,有理由认为放射性物质衰变的惰性产物,在假定不会逃逸的情况下,它们则会以一定量与该放射性物质共存。由于以前主要在含有大量铀或钍的矿物中发现了氦的存在,所以在矿物中寻找可能的裂变产物过程中,氦出现在所有放射性矿物中这一现象值得注意。

因为上述原因以及其他的原因,卢瑟福和 F. 索迪[92]表示,或许最终会发现氦是放射性元素的裂变产物。而卢瑟福有关 α 粒子的发现也为这个说法增加了一定的分量,他发现从镭中发射的 α 粒子的表观质量为氢原子的两倍,或许这个 α 粒子是氦原子。

在 1903 年年初,感谢德国布伦瑞克的 F. O. 吉赛尔,他使得这个研究领域中有了小量的纯溴化镭。W. 拉姆塞和 F. 索迪获得了 30 毫克该溴化镭,用它来考察是否可能在溴化镭释放的气体中检测到氦的存在。

实验一,将溴化镭溶于水,排出累积的气体。已知溴化镭产生氢气和氧气,通过适当的方法除掉氢气和氧气之后得到少量残留气泡,将该残留气体引入至真空管中后显示氦的特征 $D3$ 光谱线。[93]作为对比,用另一个放置时间较长的溴化镭样品(卢瑟福提供)做同样的实验,则镭溶液释放出的残留气体给出完整的氦光谱。

上述实验表明,氦由镭产生并且在一定程度上保留在固体化合物中。后续的实验揭示了一个更加有趣的事实。将 60 毫升溴化镭释放的射气凝结在玻璃管中,其他气体抽出。然后让射气升温挥发并将它引入小的真空管。开始时真空管中未观察到氦光谱线,但是三天后氦的 $D3$ 线出现了,五天后观察到了完整的氦光谱线。这项实验表明氦气由射气产生,因为在将射气引入光谱管后并未立即出现氦存在的迹象。

镭射气产生氦的这一发现具有非常重要的意义,它展示了镭中发生的奇特过程,也是一种元素可以转变为另一种稳定元素的第一个明确证据。由于氦的存在量十分微小,使得实验实施起来并不容易,而 W. 拉姆塞在对大气中稀有气体的研究工作中获得的宝贵经验为实验的成功提供了巨大的帮助。

很多实验确证了镭产生氦的事实。P. 勒居里和杜瓦[94]做的一个非常有趣的实验明确表明了氦产生自镭,而且排除了氦气仅仅禁锢于溴化镭中的可能性。他们将大量氯化镭加入到石英管中,将镭加热至融化。抽出管中的射气和气体然后将石英管封闭。一个月后，H. A. 戴兰德尔将箔纸层放置在石英管两端来检测管中的气体光谱。他观察到了完整的氦光谱，表明在石英管放置期间从镭产生了氦。最近 A. 德拜耳尼[95]发现，锕的放射性物质也可产生氦。这些结果说明氦必定是镭和锕这两种物质的共同产物，从放射性和化学行为的角度可以确定氦是不同于镭或锕的新元素。

8.2　氦是镭衰变的终极产物吗？

我们已经看到，镭经历一系列衰变形成连续衰变产物，每一个衰变产物具有一些独特的物理和化学性质和明确的衰变周期。这些产物与普通的化学元素不同之处在于，它们的组成原子的不稳定性。所以应将它们视为具有有限寿命的过渡元素，而且它们以我们不能控制的速率裂变成新的物质。

但是氦作为镭的衰变产物与其他过渡产物的家族成员之间存在着本质的区别。据我们所知，氦为稳定的元素，不会消失，但是对于所有放射性产物包括初级（或原始）放射源的铀和钍，它们的原子毫无疑问是不稳定的。

现在有必要讨论氦作为镭衰变产物所处的位置。一些人曾认为氦是镭原子裂变的终极产物，但是并无实验根据。在射气的放射性淀质首次发生快速的衰变后我们已经看到该过程产生了缓慢衰变的过渡物质镭 D。如果氦为镭原子衰变的终极产物，则在几天过程中从射气产生的数量会极其微小。此外镭的最终放射性产物即镭 F（钋）为高原子量元素，这一点几乎是没有疑问的。另一方面，已有证据强烈指向以下结论：氦是由镭及其产物连续发射的 α 粒子形成的。我们稍后会看到（详见第 10 章），实验证据表明从镭的 α 射线产物发射出的 α 粒子在所有情况下质量都相同，但是不同放射产物发射的 α 粒子速度不同。

通过检测射线在强磁场和强电场中的偏转得出了 α 粒子的速度和荷质比（em）的准确数值，e/m 即 α 粒子的电荷与其质量的比值。α 粒子的荷质比非常接近于 5×10^3。电解水产生的氢原子的荷质比 em 已知为 104。如果我们假定 α 粒子携带与氢原子相同的电荷，则 α 粒子的质量即为氢原子的两倍。不过很不幸，对 α 粒子荷质比的解释我们面临几种可能性，目前尚无法做出明确选择。比如我们对 α 粒子做以下假设后都能得出上述荷质比的数值：①α 粒子为氢的分子；②氦分子携带的电荷是氢原子的两倍；③氦分子的一半携带通常所说的离子电荷。

经过多方面分析，α 粒子为氢分子的假设似乎不大可能。如果氢是构成放射性物质原子的一部分，则可预期氢的发射应以原子形式而非分子形式。在目前为止的所有检测中均得出，当氢携带一个电荷时，氢的荷质比 e/m 为 10^4。该值是氢原子的预估值。例如，W. 维恩发现在，真空管中产生的阳极射线或正离子的荷质比 e/m 最大值为 104。此外，即使氢开始时以分子形态发射，在通过物质过程中它也不可能逃脱被分解为原子的命运。而且当 α 粒子以每秒大约 1.2 万英里的速度发射时，它会与其运动路径上的每一个分子发生碰撞，这必定会在分子内部造成非常剧烈的扰动，也必定趋向于使分子内部原子间的结合键发生断裂。所以在这种情况下，氢分子确实不太可能逃脱被分解成原子。如果 α 粒子为氢分子，则相当数量的游离氢会存在于老的放射性矿物中，因为老的矿物具有足够大的密度防止氢的逃逸。然而事实并不是这样的，不过在一些矿物中有相当量的水存在。另一方面，相对大量的氦存在于矿物中支持 α 粒子与氦具有某种联系的观点。钍和镭均产生氦的事实也是支持这一观点的强有力证据。钍和镭两种物质的唯一相似点在于发射 α 粒子。如果氦产生自累积的 α 粒子，则很容易理解这两种物质均产生氦的事实，其他假设却很难对此做出解释。因此，我们现在可以将假设范围缩小至 α 粒子为携带两倍离子电荷的氦原子以及一半氦原子携带离子电荷这两种假设。

第三个假设涉及以下概念，在普通化学和物理条件下的化学原子氦仍以基本粒子的状态存在于放射性物质原子内部，α 粒子射出物质原子后失去电荷并重新结合形成氦原子。

对于这种观点，我们不能认为它本质上不可能发生，但也没有证据支持该观点。另一方面,第三个假设比第二个假设更加简单且和概率更高。

因此,α 粒子实际为氦原子,在发射时携带两个离子电荷或者在通过物质时获得两个电荷。即使 α 粒子开始发射时不携带电荷,也几乎肯定会在与在其运动路径上的分子发生几次碰撞后获得一个电荷。我们知道,α 粒子是非常有效的电离剂,完全有理由认为它本身会因与其运动轨迹上分子的碰撞而被电离,即它会失去一个电子,因而本身保留一个正电荷。

如果 α 粒子在失去两个电子后可以保持稳定,则这些电子几乎肯定会由于 α 粒子与其运动轨迹上分子的碰撞带来的剧烈扰动而被发射。当 α 粒子携带两倍普通离子电荷时,则其荷质比 e/m 的测量值与将 α 粒子看作氦原子得出的结果十分一致。

如果事实确实如此,实际从镭排出的 α 粒子数目将会是假设 α 粒子携带单电荷所推算数值的一半。那么镭的裂变速率将仅为第六章计算值的一半,因而镭的寿命期限将加倍。

类似地,如果 α 粒子是携带两个电荷的氦,则 1 克镭释放的射气体积的计算值将由原来的 0.8 立方毫米减至 0.4 立方毫米,该数值远小于 W. 拉姆塞和 F. 索迪测定的实验值立方毫米,但量级基本正确。

基于以上假设,可以计算出 1 克镭每年产生的氦气的体积。如果 α 粒子携带两倍的离子电荷,1 克处于放射平衡的镭每秒发射 1.25×10^{11} 个 α 粒子,而每年发射的数目则为 4.0×10^{18}。标准压力和标准温度下 1 立方厘米的气体含有 3.6×10^{19} 个分子,则 1 克镭每年产生的氦气体积为 0.11 立方毫米(110 立方毫米)。

W. 拉姆塞和 F. 索迪通过以下方式对镭产生氦的速率做了估算。将放置于密封容器 60 天的 50 毫克溴化镭产生的氦气引入至真空管。将另一个类似的真空管与该管串联,使氦气串联通过两管,调整第二个管中的氦气数量直至放电显示相同强度的氦光谱线。以这种方式,他们推算出镭产生的氦气体积为 0.1 立方毫米。该值对应于每克镭每年产生大约 20 立方毫米的氦气。该值仅是上述理论计算值的 15。W. 拉姆塞和 F. 索迪并未特别注重其估算值准确与否,他们认为痕量氩气的存在可能已经对光谱方法的正确性造成了严重干扰。对镭产生氦气速率的准确测量是目前解决 α 粒子和氦之间联系最重要的因素。

如果 α 粒子为氦原子,则从密封在小容器管中的射气发射的 α 粒子很大比例会被发射至玻璃劈封套中,最快速运动的粒子,即从镭 C 发射的粒子,可能会穿透进入玻璃壁深度 1/20 毫米,而较慢速运动的粒子会在穿越较短距离未到达玻璃壁前便已停下来。

第 3 章 3.5 已经指出(如图 3.4 所示),这可以解释为何 W. 拉姆塞和 F. 索迪的第一个实验中射气的体积会缩减至零。该情况下氦气保留在玻璃壁内。第二个实验中氦气或许已经从玻璃管又扩散回气体中。W. 拉姆塞和 F. 索迪试图通过测试是否可以通过加热玻璃管使氦气释放出来从而确证这一点,加热前玻璃管中充满射气放置数天后清除。光谱仪短暂显示了一些氦光谱线,但是很快被从热玻璃管中释放的其他气体掩盖。

8.3　放射性矿物的年龄

几乎可以肯定,放射性矿物中观察到的氦气是由其中含有的镭和其他放射性物质产生的。如果能够实验测得已知重量的不同放射元素产生氦的速率,则有可能测定放射性矿物中观察到的一定数量的氦气产生所需要的时间间隔,或者换言之,可以测定矿物的年龄。该推算基于以下假设:一些较大密度和较致密的放射性矿物能够无限期保留大部分禁锢其中的氦气。但很多情况下,矿物不是致密的而是具有孔隙的,在这种条件下多数氦气会从矿物中逃逸。即使假设一些氦气从较致密的矿物中丢失,我们也应该能够一定程度上确定该矿物年龄的最低限度。

在无确切实验数据的情况下,无法确定不同放射元素产生氦的速率,但有必要对这些数值进行推算,从而至少可确定放射性矿物年龄可能的数量级。

我们已经知道所有镭发射的 α 粒子具有相同的质量。而且，实验发现钍 B 发射的 α 粒子与镭发射的 α 粒子具有相同的质量。这可能表示从所有放射性物质发射的 α 粒子具有相同的质量，因而 α 粒子可能由相同物质组成。如果 α 粒子为氦原子，则可以根据上述假设推算出每年由已知量的放射性物质发射的氦气的量。

镭、钍和锕能发射 α 粒子的产物数量已经非常清楚。包括镭 F 在内，镭有 5 个 α 射线产物，钍有 5 种，锕有 4 种。至于铀本身，则没有这么确定，因为目前为止仅通过化学的方法分离出发射 β 射线的产物 UrX。显然 α 粒子是铀元素本身发射的；同时，有一些间接的证据支持下面的观点：铀含有 3种 α 射线产物。为了简化计算，我们假定在铀和镭达到放射性平衡时，与镭发射 5 种 α 粒子相对应，铀发射 1 种 α 粒子。

我们现在以含 1 克铀的老铀矿为例，假设它的任何分解产物均不会逃逸。铀和镭处于放射性平衡态，且存在 3.8×10^{-8} 克的镭。对应于铀发射的1 种 α 粒子，有 5 种 α 粒子从镭及其产物中发射出来，包括镭 F。我们已经提到镭及其 4 个 α 射线产物每克每年可能产生 0.1 立方厘米的氦气。矿物中铀和镭每年每克产生的氦气则为立方厘米。

W. 拉姆塞和特拉弗斯立方厘米发现，每克褐钇铌矿释放 1.81 立方厘米的氦气，现在我们以褐钇铌矿为例进行计算方法演示。该矿含有 7% 的铀。则含每克铀对应的矿物含有氦气的量为 26 立方厘米。由于每克铀及其产物镭产生氦的速率为每年 5.2×10^{-8} 立方厘米，则该矿物的年龄必定为至少年。该值为最低估算值，因为其中一些氦气或许已经逃逸。在计算中我们已经假设矿物中铀和镭的量在整个阶段保持常数，这与实际情况近似，因为母体元素铀需要大约 109 年才发生半数衰变。

我们再以从康涅狄格州的格拉斯顿伯里开采的铀矿为例进行计算。据希勒布兰德分析，该矿物非常致密，密度高达 9.62 克立方厘米，它含有 76%的铀和 2.41% 的氮。该氮几乎肯定是氦，氮原子序数除以 7 得到氦，则氦的百分数为 0.344。这相当于每克矿物含有 19 立方厘米的氦气，或者每克铀对应的矿物中含 25 立方厘米的氦。使用上例中的数据计算，矿物的年龄必定不会低于 500 百万年。一些铀和钍矿并不含有太多氦。一些矿物呈多孔性因而必定有一部分氦气已经从矿中逃逸。但是总能在致密的初级（或原始）放射性矿物中发现有相当量的氦气，从地质学数据看无疑这些矿物已经年代久远。

希勒布兰德对若干来自挪威、北卡莱罗纳和康涅狄格州的矿物样品进行了广泛分析，这些矿物样品大多为致密的初级（或原始）矿物，他注意到矿物中含有的铀和氮（实际为氦）之间存在明显的关系。以下引用的是对该关系描述的原话："在对各种矿物样品含氮（实际为氦）估算分析中发现，所有矿物中的氮（实际为氦）很明显与 UO_2 存在关联性。尤其是挪威的晶质铀矿，给定氮（实际为氦）或 UO_2 的量，则另一个的量可以通过简单的计算得到。在康涅狄格州的各种矿物样品中未发现两者具有相同比例，但是如果基于布兰奇维尔矿物中氮（实际为氦）的测定，则该规律仍然成立，UO_2 含量越高则氮（实际为氦）含量越高。科罗拉多和北卡莱罗纳矿物为特例，前者为无定型，像是波西米亚矿，且同样不含氧化钍，不过或许被氧化锆取代，而北卡矿物已经历无数次改变而早已不知其原有状况如何。"

然而在次级放射性矿物（即由原始矿物分解形成的矿物）中很少发现有氦气存在。正如 B. B. 博尔特伍德所说，多数情况下这些矿物形成时间远远落后于初级（或原始）矿物，因此，预计它们也不会含有太多氦气。在波西米亚的约阿希姆斯塔尔发现了最值得关注的次级沥青铀矿沉积物，我们今天的大部分镭就是从这个地区获得的，该沉积物富含铀但几乎不含氦气。

当所需数据已知并且更加确定的情况下，放射性矿物中氦的存在将会成为非常有价值的计算某些矿物年龄的方法，并进而间接得出该矿物的地质沉积物的年龄。确实，这可能会成为确定各种地质形成年代的一种可靠方法。

8.4　放射性矿物中铅存在的意义

如果 α 粒子为氦原子,则镭的 α 射线系列产物的原子量必定彼此相邻两产物之间差 4 个质量单位。我们现在已知铀本身可能含有 3 个 α 射线产物。铀的原子量为 238.5,铀裂变发射 3 个 α 粒子后剩余物的原子量应为。该值非常接近于镭的原子量 225,而我们已知镭产自铀。镭总共发射 5 个 α 射线产物,则最后一个镭产物的原子量应为。该值非常接近于铅的原子量 206.9。该计算表明,铅可能为镭裂变的最后一个产物,该推断得到了观察结果的强有力支持,即铅的发现总是与放射性矿物相关,尤其是那些富含铀的初级(或原始)矿物。

B. B. 博尔特伍德[96]首先注意到了放射性矿物中铅的存在可能具有重要意义,他收集了大量与该问题相关的数据。表 8—1 总结了希勒布兰德对不同初级(或原始)矿物的分析结果。

表 8—1　各种初级(或原始)矿物中的含铀、铅和氮

(实际为氦)百分数

地理位置	铀含量百分数	铅含量百分数	氮(实际为氮)含量百分数
康涅狄格州格拉斯顿伯里	70～72	3.07～3.28	2.41(2.41/7)
康涅狄格州格拉斯顿伯里	74～75	4.35	2.63(2.63/7)
北卡莱罗纳	774.35	54.20～54.53	
挪威	56～66	7.62～13.87	71.03～71.28(1.03/7—1.28/7)
加拿大	65	10.49	0.86(0.867)

从格拉斯顿伯里矿取 5 个样品,从布兰奇维尔矿取 3 个样品,从北卡莱罗纳取两个样品,从挪威取 7 个样品,从加拿大取 1 个样品。从同一个地理位置获得的矿物中铅的含量具有相对更紧密的一致性。如果氮和铅都是铀

镭矿的分解产物,则矿物中铅和氦含量百分比应该存在常数比关系。氦的百分数是由上表中氦的百分数除以 7 得到的。实际发现的该比值格拉斯顿伯里矿为 0.11,布兰奇维尔矿为 0.09,挪威矿为 0.016。我们注意到 B. B. 博尔特伍德分析的所有这些矿物中氦与铅的比例都小于理论值,表明在一些情况下矿物中形成的氦气大部分发生了逃逸。对于格拉斯顿伯里矿而言,观察值与理论值比较一致。

如果镭确实产生铅,则铅在放射性矿物中的含量百分比在推算矿物年龄方面远比基于氦气体积的推算方法准确得多,因为在致密性矿物中形成的铅没有逃逸的可能性。

上述讨论是我们当前已有知识基础上的一种必要性猜测,这种猜测对放射性矿物最终衰变产物问题的解决具有重要价值。通过对放射性矿物的分析数据进行仔细研究,B. B. 博尔特伍德曾表示氩气、氢气、铋和一些稀土类或许都源自初级(或原始)放射性物质的衰变。

也许再过很多年我们都不能通过实验证明或反驳铅为镭的最终衰变产物。首先,实验者很难获得足够量的镭作为研究材料;其次,由于镭 D 衰变缓慢,所以导致在镭中形成可观量的铅之前需要很长时间的等待。对于铅是否为镭的终极衰变产物的问题的研究,一个更加适合的物质是镭 F(放射碲)。

8.5 放射元素的构成 α

α 粒子为氦原子的观点表明,铀和镭原子部分构成为氦。

但我们需要知道,氦的这些化合物与普通意义上的分子化合物完全不同。镭和铀两者均表现为基本粒子性物质,不被我们可控的物理或化学力所破坏。这些物质自发裂变的速率不依赖于已知的外力,裂变伴随发射一个高速氦原子。发射氦原子所释放的动能在数量级上与分子层面发生的反应有很大的不同,这个能量至少是最剧烈的化学结合反应所释放能量的 100 万倍。氦原子可能在铀原子内部以高速运动,然后因为某种原因以高速轨道运动的速度逃出铀原子。使氦原子保持在放射元素原子内适当位置的力极其强大不受我们的控制，我们无法影响它们的分离。从钍和锕发射的 α 粒子有可能也是氦原子，所以也将钍和锕看作是某些未知物质与氦的化合物。已知钍存在 5 种 α 射线产物，则发射粒子后钍剩余物的原子量为 207。与该值最接近的已知原子量为铋，即 208，如果钍失去 6 个 α 粒子而不是 5 个，则剩余物的原子量应该非常接近于铋。铋也满足作为放射性物质衰变产物所需要的条件，在放射性矿物中发现铋，但是与老铀矿中铅含量相比铋含量很小，而老铀矿中几乎不含钍。

因此可以看出，氦在放射元素构成中起着非常重要的作用，而且氦和氢或许是构成重原子的基本单位这种情况也不是毫无可能。如果按照这个思路，则许多元素的原子量数值彼此之间差 4 个质量单位或者 4 个质量单位的倍数或许不单纯是巧合。

许多初级（或原始）放射性矿物毫无疑问在 10^8（1 亿）年甚至 10^9（10 亿）年以前沉积在地球表面，并自此一直在经历着缓慢的衰变。目前无证据表明发生在地球表面的物质降解过程在普通条件下具有可逆性。但是有理由认为，在一些条件下，在早期的地球演变过程中存在发生相反过程的可能性，也有理由认为重原子由较轻的和更加基本的物质构建而成。

重原子形成的条件或许可以在高压和高温存在的地球深层找到。耶鲁大学的巴雷尔曾经向我表示，可能在地球内部缓慢进行着物质重原子和更加复杂原子的逐步构建，这或许可以解释地球内部物质的高密度性以及地球作为整体在逐渐缩减的原因。虽然这些目前只是高度推测性的看法，但是认为放射性物质的形成仍然继续在地球深层进行着，而且在今天的地球表面发现的放射性沉积物是在过去若干时期不断被从地球内部推至地球表面的也不是毫无道理。

第九章

普遍放射性

9.1　大气的放射性

本章会简单讨论我们对地球和大气放射性状况的知识现状以及目前为止所获事实与大气带电状态和地球内部热量之间存在的关系。

过去几年我们对大气放射性和带电状态的了解有了十分惊人的进展，我们在很短的研究时间里积累了大量新的和重要的信息。

大约一个世纪以前，库仑等的注意力被一个实验事实吸引，置于密闭容器中的带电导体失去电荷的速度很快，而且这不能单纯由绝缘体漏电来解释。库仑认为可能是由空气分子接受了与其接触的带电体的电荷然后被带电体排斥所致。早在 1850 年，C. 麦特尤斯观察到失去电荷的速率不依赖于带电体的电势。博伊斯在 1889 年通过使用不同长度和不同横截面的石英绝缘棒得出结论，电荷的丢失不能用绝缘体绝缘性不好来解释。

X 射线和铀射线对大气的电离作用熟知于科学界不久，H. 盖特尔[97]和 C. T. R. 威尔逊[98]便分别对电荷丢失产生的原因进行了研究，他们使用专门设计的验电器测量密封容器中带电体放电速率。两者均得出结论，电荷的逐渐丢失主要是由于密闭容器中空气的电离作用。在一定电压之上，放电速率不依赖于电压，如果在电离作用非常微弱的情况下即是这种结果。起初认为，气体的电离作用为自发的，是气体本身的一种特性，但是后来的研究工作修正了这个结论。现在可以肯定的是,在干净的金属容器中观察到的大部分电离作用主要是由容器壁发射的具有电离作用的辐射导致的。还有一部分是由于穿透力很强的 γ 射线类辐射,该类辐射普遍存在于地球表面。在上述两种情况下,密闭容器中发生气体电离的数目取决于气体的本质和压力以及容器的材质。电离作用与压力成比例下降,大约与气体的密度呈比例。

密闭容器中观察到的自然电离作用是极其微弱的,通常需要采取一些措施才能进行准确测量。假设一个小镀银玻璃容器中的电离作用在整个空间呈均匀分布,C. T. R. 威尔逊发现,密闭空气中每立方厘米每秒产生的离子数不多于 30。在一个容积为 1 升的容器中,每秒产生的离子数为 3 万,这只是镭发射的一个 α 粒子每秒在空气中产生总离子数的 13。因而每秒从容器壁排出一个 α 粒子产生的电离作用远大于观察到的电离作用。

检测了空气在密闭容器中产生的放电作用之后,J. 埃尔斯特和 H. 盖特尔将其注意力转向外部空气。他们发现,自然暴露于外部空气中的带电体失去电荷速度远快于放置于小的密闭容器中的情况。正电和负电都会放电,但是一般速率不相等,带正电物体失去电荷的速率慢于带负电物体失去其电荷的速率。开放空间中空气的电离作用采用便携验电器进行检测。将一个绝缘金属丝网连接至带电验电器,验电器失去电荷的速率作为空气中离子数的相对衡量。

在密闭容器实验过程中,J. 埃尔斯特和 H. 盖特尔注意到,在引入新鲜空气后放电速率在几小时内维持增高。当镭或钍的射气与空气混合时已知会出现这种情况。这使得他们进行了大胆的实验,看是否可以从大气中提取出放射性物质。卢瑟福曾表明,带负电的金属丝暴露在钍射气后获得极强的放射性。基于此,J. 埃尔斯特和 H. 盖特尔[99]在实验室外面将一根长的金属丝悬挂于绝缘体之上,通过静电起电机为金属丝充负电至很高的电势值。几个小时后,取下金属丝并盘卷于验电器顶部。验电器放电速率毫无疑问有显著增加,表明金属丝拥有了新的电离气体的性质。该作用在一段时间后减弱,几小时后已变得很小。

实验表明,将金属丝暴露于开放空气中使其暂时具有放射性。观察到的放射性大小与金属丝材质无关,该特征与镭和钍的射气对其周围物体的激发放射性特征非常类似。将金属丝上的放射性物质通过与皮革摩擦的方法从金属丝上剥离并溶解于氨水中。通过这种方法获得的放射性物质能够使 0.1 毫米厚的铝板感光,使氰亚铂酸钡屏幕产生微弱磷光。

卢瑟福和 S. J. 艾伦[100]表示,可从蒙特利尔开放空气中获得类似的放射活性。放射物包括 α 射线和 β 射线,观察到的大部分裸金属线电离作用由 α 射线产生。通过暴露于大气而使金属丝获得的放射性活度衰减速率与通过暴露于镭射气而获得的放射性活度衰减速率相同。

巴姆斯特德和惠勒[101]检测了纽黑文空气的放射性状态,将金属丝暴露于空气中获得的放射性活度衰减速率与暴露于镭射气获得的放射性活度衰减速率进行比较后得出,在当地空气中观察到的放射性主要是由镭射气造成的。在开放空气中获得放射性的金属丝初始时的快速活度降低是由镭 A 造成的,衰减曲线等同于镭激发放射性的衰减曲线。他们将纽黑文的土壤及其表层水煮沸得到了射气,该射气的衰减速率等于镭的射气的衰减速率。

将金属丝暴露于开放空气中几天,巴姆斯特德[102]还观察到,在镭射气产生的激发放射性消失后,剩下的其中一部分活度衰减很慢。该剩余活度衰减速率等于钍激发放射性衰减速率,表明钍射气以及镭射气存在于空气中。戴杜里安[103]表示,纽黑文的土壤浸满了钍的射气。在地上挖一个洞并把顶部洞口封住。将带负电的金属丝暴露于洞中,在取出金属丝时发现金属丝具有放射性,该放射性活度消失的速率为钍激发放射性的特征速率。这表明,纽黑文的土壤中必定含有非常可观的钍和镭。由于钍射气的寿命短暂,它只能从较浅层的土壤扩散至空气中。镭射气则寿命长得多,因而能够从更深的土壤中浮现并扩散至空气中。

同时，C. T. R. 威尔逊[104]发现雨水也具有放射性。他们从暴雨中收集雨水，并在铂盘中快速蒸干，然后置于验电器下，发现放射性活度在 30 分钟后衰减至一半。

英格兰的 C. T. R. 威尔逊、加拿大的 S. J. 艾伦和 J. C. 麦克伦南分别表示，刚下的雪拥有类似的放射性。同雨水一样，雪的放射性活度在 30 分钟后降至一半。该衰减速率几乎等于将镭射气取走几小时后镭激发放射性的衰减速率。这些结果提示，镭 B 和镭 C 的载体或许能通过扩散作用在穿过空气时附着在水滴或雪花上、因此，水蒸干后会留下放射性物质。所以，大雨或大雪则必定是暂时去除空气中部分镭 B 和镭 C 的一种方式。

J. 埃尔斯特和 H. 盖特尔[105]发现，在界限空间比如洞穴和地窖中，空气具有异常高的放射性，表明空气有强的电离作用。为说明这些作用不是由于不流动空气单独造成，J. 埃尔斯特和 H. 盖特尔将大体积空气限定在一个旧蒸汽锅中，但未观察到电离作用随时间而增加。他们还做了另外一些实验，比如将一根管子置于地下几英尺，将一部分封于土壤毛细管中的空气用泵抽出。发现抽出的空气具有很强的放射性，其活度衰减速率大约与镭射气混合的空气的衰减速率相同。这表明，在与地球接触的限定空间放射性的增加，是由从土壤扩散出的镭射气的不断积累造成的。

艾伯特和尤尔斯[106]在慕尼黑土壤的空气中观察到了类似的结果。这些结果表明，小量的镭普遍分布于地球表面的土壤中。J. J. 汤姆逊、亚当斯等人检验了英格兰深井中的水和泉水，发现其中某些水含有相当量的镭射气，而有些水中还发现含有痕量的镭。

在过去几年中，人们对矿物和温泉的水以及其中的沉淀物做了大量检测工作以检验是否存在放射性物质。H. S. 艾伦和布莱茨伍德勋爵发现，英格兰巴思镇和巴克斯顿镇的温泉含有相当可观的放射性射气。这个发现得到了 J. W. 斯特拉特的证实，他发现，不仅所提及的水中含有镭射气，而且温泉沉积的泥巴中含有痕量的镭。顺便提醒，我们曾谈到在这些温泉释放的气体中观察到氡气的存在,所以可能水在通往地表过程中经过了放射性矿物的沉积物。

　　赫马斯在德国巴登——巴登市的热温泉发现镭射气,而 J. 埃尔斯特和 H. 盖特尔也在温泉沉积的泥巴中发现痕量的镭。来自英格兰、德国、法国、意大利和美国的不同观察者对大量温泉进行了检验,几乎在所有的温泉水中均发现镭射气的存在,且存在量可以很容易被测定。J. 埃尔斯特和 H. 盖特尔发现意大利巴塔利亚的温泉沉积的泥巴或者"矿泥"具有异常高的放射性,进一步检验发现该放射性是镭产生的。他们计算得出,相同质量情况下,此处温泉矿泥的含镭量几乎是约阿希姆斯塔尔沥青铀矿残渣含镭量的千分之一。

　　虽然多数温泉水的放射性归因于镭或镭射气的存在,布兰　科[107]曾观察到一个值得注意的特例,位于赛琳斯－穆捷尔斯的温泉沉淀物具有异常高的放射性,并释放相当量的钍射气。然而布兰科不能定性检测到钍的存在,尽管根据所释放的射气量推断钍含量应该比较可观。所以也有可能观察到的放射性不是由初级(或原始)物质钍引起,而是由它的衰变产物放射钍引起的,放射钍最先是由 O. 哈恩发现的(第二章 2.10)。放射钍会产生钍 X 和钍射气,但是由于放射钍存在量太微小而无法通过化学方法检测到它的存在。

　　J. 埃尔斯特和 H. 盖特尔观察到,从旧火山土壤深处得到的天然碳酸含有镭射气;而 J. C. 麦克伦南和伯顿发现,在加拿大安大略湖的深井石油中发现含量可观的镭射气。

　　大多数情况下,相比土壤中的含量,来自深处的泉水特别是温泉水中放射性物质含量异常高。这样的结果并非意外,因为水特别是热水趋向于从它所流经过的地层中溶解痕量放射性物质,因而也会变得蕴含镭射气。在某些情况下,水流经过矿物的放射性沉积物,这时的水会获得非常强的放射性。

核科学基本原理

J. 埃尔斯特和 H. 盖特尔进行了大量实验来检测不同土壤的放射性,发现每种土壤中均含有痕量的放射性物质。在黏土中发现比较明显的放射性,很多情况下是由小量的镭存在所致。这些观察结果从整体看可以得出,放射性物质广泛扩散于大自然中,很难在任何物质中发现不含有哪怕痕量的镭。从这方面而言似乎铀或镭与惰性元素没有什么不同。

镭的存在可以通过电学方法测试,而化学分析方法检测不到稀有的惰性元素的存在,尽管这些惰性物质的存在量可能比镭大很多。在一般地面上,大面积分散着放射性物质并不奇怪,因为任何地点地球的土壤中应该混合含有相当全面的大多数元素,其中稀有元素仅以极微量比例存在。

无疑,在大气中观察到的放射性物质主要由于镭射气及其衰变产物所致,在一些地区可能也会由钍和锕的射气所致。大气中的放射性物质主要来自于从土壤中扩散和蒸腾而出的射气,其中部分来自温泉活动和封存气体的释放。

考虑到镭射气相对缓慢的变化,可以预计它的数量将在大气中超越其他射气而占据主导地位,锕射气和钍射气的短暂寿命阻碍了它们从地球深处到达地球表面。虽然地球射气至大气的供应不同地方可能会有不同,风和气流的运动一般会趋向于将射气从一点分配至另一点以使得射气的分布更加的均一。

所有观察者已经注意到,在一定条件下从大气中获得的激发放射性量并不相同,而是在一天中经常会有相当大的改变。J. 埃尔斯特和 H. 盖特尔针对气象条件对大气中放射性物质含量的影响进行了详细的检测。实验在德国的沃尔芬比特尔进行,持续 12 个月。平均而言,放射性物质含量随温度降低而增加。0℃以下时的平均值为 0℃以上时的 1.44 倍。放射性物质含量随气压计指数的下降而增高。压力变化的影响是可以理解的,因为压力的降低趋向于造成土壤毛细管中的射气吸附到表面。

如果大气中观察到的射气完全来自土壤,则在大海中央上方的空气中射气的数量应该远小于陆地上射气的数量,因为水不会允许射气从地壳中逃逸至大气中。目前为止观察到的结果表明,空气中放射性物质的量在大海附近明显降低。比如,J. 埃尔斯特和 H. 盖特尔发现在波罗的海沿岸放射性物质的量仅是内陆的 1/3,但是未对远离大陆的大气中放射性物质的含量进行系统性检测。

9.2　大气中镭射气的含量

　　多数关于空气中放射性物质含量的实验都是定性实验,但是对大气中镭射气的含量有一定认识显然很重要。由于大气中射气是由地球中新生成的射气不断提供的,所以用能够维持持续供应的溴化镭自然释放的射气量来表达放射性物质含量很方便。

　　A. S. 伊夫最近在蒙特利尔进行了一些有趣实验。蒙特利尔周围空气的放射性状态表现正常,每立方厘米的外部空气中存在的离子数目大约等于欧洲不同地点的观察结果。

　　他在麦吉尔大学的工程教学楼首先用大铁皮箱进行了一些实验。该大铁皮箱高 8.08 米、宽 1.52 米,总体积为 18.7 立方米。为测得箱中的激发放射性,他将一根绝缘金属丝悬于箱子中心,并维持恒定电势 -10000 伏特 3 个小时。然后快速取走金属丝,并将其盘卷在与验电器接触的框架上。金箔叶片的下落速率作为沉积在金属丝上放射性物质数量的衡量。

　　然后在一个体积为 76 升的锌质圆柱体中进行类似的实验。将 2×10^{-4} 毫克溴化镭产生的射气引入至圆柱体并与空气混合。如同以前的实验,激发放射性富集在携带负电荷的金属丝上,取出金属丝采用第一个实验的装置进行测量。已知量的镭产生的放射性淀质在验电器中的放电速率已知,与大铁皮箱所得结果进行比较则给出圆柱体中存在的射气的数量。以这种方式,计算出 1 立方千米的空气相当于 0.49 克纯的溴化镭提供的射气的体积,每单位体积的空气含有与大铁皮箱内空气相同量的射气。

　　实验中的铁皮箱与外界空气自由流通,当空气从室内被迫通过铁皮箱时激发放射性数量未发生改变。因此有理由认为，铁皮箱内每单位体积的空气含有与外界空气相同数量的射气。在使用该铁皮箱的建筑中未引入其他放射性物质，我们以后会看到，每立方厘米的铁皮箱产生离子的速率低于以前的实验记录。

为验证离子产生速率问题，他又在学校园区的一个大的锌质圆柱体内进行了实验，圆柱体的两端与外界大气自由相通。同样将金属丝沿纵轴悬于柱体内并收集沉积在其上的放射性淀质。发现放射性淀质的平均数量仅是等体积的大铁皮箱实验中收集到的 $1/4 \sim 1/3$。没有充分原因能够解释铁皮箱实验和锌柱体实验结果的差异，除非由于某种原因带电金属丝不能收集置于开放空气中的锌柱体中所有放射性淀质。

在一定假设情况下，我们可以对存在于大气中的镭射气形成一个粗略的估计。假设射气均匀分布于围绕地球 10 千米深的球面层，且每立方千米的射气为均一的，并等于在蒙特利尔观察到的数值。地球表面积为大约 5×10^8 平方千米，厚度为 10 千米的地壳的体积为 5×10^9 立方千米。

大约 3/4 的地球覆盖着水，水中的射气不能逃逸至表面。如果射气只产生自陆地，则射气的含量缩减至上述值的 1/4 即 610 吨。取置于开放空气的圆柱体实验测量值，则计算得出射气含量大约为 170 吨。

若干观察者已经表示，空气中激发放射性在高海拔时等于或大于地平面观察到的数值。所以假设射气在大气中分布的平均高度为 10 千米，则我们的推算十分合理。在对大气进行非常完备的放射性调查之前，这样的计算虽然带有不确定性但非常有必要，至少它们提供了射气含量的正确数量级。

由于镭射气的半衰期为 4 天，它不能从地球深处扩散进入空气中，这样主要的射气的供应来源必定来自厚度不大的地球的浅层。一部分射气可能来自深处的温泉，因为温泉可以将射气从深处带出，但是这样提供的射气量相对于直接从土壤的孔隙中逃逸的量而言应该比较小。

我们因而可以得出一个非常重要的结论,即由相当数量的镭,粗略估算为数百吨,分布在离地球表面若干米的地下。但是由于大部分地方分布的量如此之小,以致只能用电学方法进行检测。

A. S. 伊夫实验发现,将一根直径约 1 毫米的金属丝充电至－10000 伏特,并悬于大约离地面 20 英尺的地方,只能收集半径在 40～80 厘米之间的圆柱体中空气的放射性淀质。与如此高的电压所预计的结果相比该收集范围很小,因为作者卢瑟福已经提到,镭和钍的放射性淀质在带正电的载体上在电场中穿越的速度等于离子的速度,即在每厘米一个伏特的电势梯度下它们运动的速度为每秒 1.4 厘米。所以放射性淀质的载体有可能已在大气中悬浮了很长时间,粘附于空气中存在的相对较大的尘埃核上,因而在电场中移动速度很慢,所以载体只能从带电金属丝的邻近位置被吸收。

9.3 地球表面的穿透性辐射

由于大气和地球表面普遍存在镭的射气,它的衰变产物镭 C 会产生 γ 射线,这些射线来自地球和大气的各个方向。加拿大的 J. C. 麦克伦南[109] 和 H. L. 库克[110] 分别独立观察到了在地球表面这样的穿透性辐射的存在。J. C. 麦克伦南用大个容器做实验,观察到当容器被厚度为 25 厘米的水包围时空气内部的电离作用减弱至 37%。H. L. 库克用容量大约为 1 升的小个黄铜验电器进行实验。当验电器完全被厚度为 5 厘米的铅屏包围后验电器放电速率降至大约 30%。在装置周围放置大量——哪怕是一吨的铅也未观察到放电速率的进一步缩减。射线的穿透力大约等于镭的 γ 射线的穿透力,并且能够在开放空气中以及在建筑物内观察到。将铅块放置在验电器不同的位置发现来自不同方向的放射作用相等,且白天和晚上无差别。如果这些来自分布在地球和大气中放射性物质的穿透性射线是等同的则可以预见会有这些结果。但是,地球表面穿透性射线的电离作用的量级远大于 A. S. 伊夫计算的大气中镭射气发射的 γ 射线的电离作用。所以,地球表面的穿透性射线不但来自于放射性物质而且来自普通物质这样的结论似乎并非不可能。

9.4 大气的带电状态

从对大气电势梯度的观察已经知道，一般而言大气的上层相对于地球带正电。因此，总是在地球和上层大气间存在一个电场作用。由于在大气的较低区域分布着离子，则必定稳定存在负离子的向上运动和正离子向下朝着地球方向运动。由于镭的放射性淀质载体带有正电荷，它们必定趋向于沉积在地球表面。每片草地每颗叶子因而必定被覆盖上肉眼看不到的放射性沉积物。一个山丘或山顶趋向于集中地球磁场在此处，其表面的放射性淀质含量应该大于等面积平原上的放射性淀质含量。这个推断与 J. 埃尔斯特和 H. 盖特尔的观察结果一致，他们发现山顶空气的电离作用大于较低海拔位置空气的电离作用。

科学家对不同气象条件下各种不同地点的空气中离子的相对数目进行了大量的观察。很多实验者使用了 J. 埃尔斯特和 H. 盖特尔设计的"耗散装置"。该装置包括一个开放的金属丝网与验电器连接。可分别观察验电器带正电和带负电时的放电速率。该装置在大气电离作用的基础工作中证明很有价值，但所得结果仅是相对的，并不适合定量计算。而且此类装置很容易受风的影响，当有风吹时耗散速率总是比较高。

埃伯特[111]设计了一种用于测定每立方厘米空气中实际正电和负电离子数的一个非常有用的便携仪。通过顺时针风扇驱动，将稳定的气流送入同轴心的两个圆柱体。圆柱体内部绝缘并与直接读数验电器相连。调节圆柱体的长度使所有空气中的离子通过圆柱体时吸向电极。仪器的容量、气流速度、验电器常数已知的情况下，很容易推算出每立方厘米的空气中离子的数目。当圆柱体内部带正电时，验电器的放电速率可作为空气中负离子数目的衡量，或者反过来也一样。

埃伯特等的测量结果表明，每立方厘米的空气实际的离子数目存在相当大的波动且依赖于气象条件。该数值通常在 500 到几千之间波动，正离子数目几乎总是大于负离子的数目。

据舒斯特[112]观察，曼彻斯特每立方厘米的空气中离子的数目在 2300～3700 之间波动。这些数值为新离子生成速率等于离子重新结合速率的平衡状态时的空气中离子数目。对埃伯特的装置稍做改动后，舒斯特能够测定普通实验条件下空气的值，并推算出曼彻斯特值在 12～39 之间波动。

埃伯特设计的装置是为测量空气中自由离子的数目，该自由离子与 X 射线或放射性物体辐射产生的离子具有相同的运动性。马谢和 $E.$ 施维德勒直接测定了空气中产生离子的速度。正离子运动速度为 1.02 厘米每秒，负离子运动速度为 1.25 厘米每秒，每厘米的电势梯度为 1 伏特。这些速度稍低于 X 射线或者放射性物质射线在无尘空气产生的离子运动速度。

P. 勒朗之万[113]表示，除了这些快速运动的离子，也存在一些缓慢运动的离子。由于这些离子在电场中运动太缓慢，因而埃伯特装置使用的电场无法将这些离子消除。这些离子的运动速度大约等于火焰周围气体离子运动的速度。P. 勒朗之万使了用更强的电场测定了空气中重离子的数目，并且得出重离子数目是快速运动离子数目的 40 多倍。这些缓慢运动的重离子可能是由水分子围绕带电离子形成微球沉积而成，或者由离子附着于空气中的尘土而形成。

由于靠近地球的空气中连续产生离子，所以确定引起电离作用的因素十分重要。其中一个最明显的因素是大气中存在的放射性物质。但是放射性物质的存在量足以产生我们观察到的电离作用吗？为找到有关疑问的线索，A. S. 伊夫使用本章 9.2 节所述的巨大铁皮箱做了以下实验。绝缘的圆柱型电极通过铁皮箱的中心连接于验电器。验电器充电至足够电势以获得饱和电流，用于衡量每秒产生的离子的总数。金属丝充电至－10000 伏特然后悬在铁皮箱中，在一定时间内从金属丝上收集放射性淀质。金属丝从铁皮箱取出后立即用验电器测量传递至金属丝的放射性。

接着用较小的锌质圆柱体进行完全类似的实验，向镭溶液中吹空气使镭射气进入锌质圆柱体。测量饱和电流以及与大铁皮箱相同条件下传递至中心电极的放射性。如果大铁皮箱中产生的电离作用完全是由其中的镭射气产生的,则两个实验容器的饱和电流之比应该等于相同实验条件下传递至金属丝的放射性活度之比。实际情况显然必定如此,因为饱和电流可作为容器中存在的射气数量的衡量,同时传递至金属丝的放射性活度也可作为射气数量的衡量。

两个实验中金属丝放射性活度比值(铁皮箱中金属丝与射气圆柱体中金属丝的活度)大约比相应的饱和电流之比小 14%。考虑到这类实验实施起来难度较大,实验结果应视作与预期比较接近,两者的一致性也表明,在铁皮箱中观察到的电离作用较大部分(如果不是全部)归功于镭射气的存在。

我们可以确信铁皮箱中空气与外界空气含有相同量的射气,这表明外界空气中离子的产生主要归于其中含有的放射性物质。然而在做出确切结论之前,需要在不同地点进行类似的实验。无论何种情况,我们都有正当理由相信,对于离地球表面较近的大气中离子的产生,空气中存在的放射性物质起着非常重要的作用。

A. S. 伊夫发现,铁皮箱中每立方厘米每秒产生的离子数为9.8。该值为密闭容器中产生离子的最小记录值。H. L. 库克在容积为 1 升的干净黄铜验电器中观察到该值可低至 20。

如果空气中放射性物质为导致电离作用的因素,则空气中产生离子的速率和金属丝上激发放射性之比应为常数。目前为止,不同观察者收集到的数据似乎与该结论相矛盾,但是值得怀疑的是他们是否实际提供了所要求的数据。

离子的再结合常数很大程度上取决于气象条件和空气分子距离核的自由度,这一点似乎毫无疑问。该结合常数的变化影响着埃伯特装置测得的空气中平衡离子数。类似地,外界空气中的带电金属丝获得的激发放射性可能会依赖于大气条件,尽管射气的数量并未发生变化。在给出确定结论之前有必要对所有可能的影响因素加以考察。在德国,科学家针对气象条件对 J. 埃尔斯特和 H. 盖特尔装置所测得的耗散产生的影响进行了大量观察。我们已经提到,压力的升高或降低会对空气中放射性物质的数量产生显著影响。格克尔和卓尔思对电势梯度和耗散之间的关系进行了研究。后者发现电势梯度随耗散而发生显著的变化。高电势梯度伴随低的耗散值,反之亦然。辛普森在挪威观察到电势梯度和埃伯特装置测定的电离数量之间也存在类似的关系。J. 埃尔斯特和 H. 盖特尔以及卓尔思表示,耗散随温度的增加而增加。辛普森发现,在挪威的卡拉斯加平均而言温度在 10℃ 和 15℃ 之间的耗散是温度在 −40℃ 和 −20℃ 之间的 6 倍。

辛普森[114]在挪威的卡拉斯加对电势梯度、电离作用和耗散的年度变化进行了完整的一系列观察。卡拉斯加位于北极圈北纬 69 ℃。在该地区,11 月 26 日知次年 1 月 18 日之间太阳不会升至地平线以上,而在 5 月 20 日和 7 月 22 日之间太阳不会落至地平线以下。

太阳射线的缺失显然不会对所测物理量的数量级产生显著影响。平均而言,在 10 月和 2 月之间电势梯度呈稳定升高,在同一时期,电离作用呈稳定下降。这样的结果表明,太阳射线对空气中的电离作用几乎或没有直接影响。

对于用来解释大气上层携带强正电荷所提出的众多推测不可能在这里进行讨论。大气上层携带的正电荷必定有稳定的提供源,否则会被上层和下层大气的电离电流迅速放电。我们对于大气上层的带电状态的了解目前还十分不完善,还不能确定电荷的分布是否像一些人推测的那样归因于来自太阳的辐射作用,或者归因于大气中持续产生的正负离子的分离。

9.5 地球内部的热量

关于地球内部热量的起源问题一直断断续续讨论了一个多世纪。其中看似最有道理和普遍被接受的观点是,地球起源于非常热的物体,该热物体在数千万年的过程中冷却至目前的状态。这个冷却过程应该仍在继续,结果地球最终会失去其内部热量而辐射至太空。

开尔文勋爵按照这个理论推算了地球这个适于人类居住的星球的年龄。通过对钻孔和矿井的观察发现,地球的温度从表面向下不断升高,平均而言该温度梯度为大约每英尺 150oF,或者每厘米 0.00037℃。为了以此理论为基础估算出地球的最大年龄,开尔文假设地球初始时为一个熔融体。如果已知地球材料的起始温度和平均热传导率,应用傅立叶方程式可得出冷却开始后任意时刻地球表面温度梯度。取这些数字的最可能的数值,开尔文最初的计算结果是,地球温度从熔岩温度降至当前温度需要的时间约为 1 亿年。后来使用修正的数据计算得出需要的时间大约为 4000 万年。

由此得出地球上的生命存在时间不会超过 4000 万年。许多地质学家和生物学家认为,该估算时间太过短暂致使无法解释地球上发生的有机和无机的进化过程以及观察到的地球地质的变化,这种严重的时间缩减引起了很多的争论。按照开尔文计算所基于的理论,尽管必要的实验数据并不完善,但地球年龄估算为 4000 万年应该是正确的,这一点没有太多疑问。但是计算基于地球为简单冷却体的理论假设,地球内部无热源,因为开尔文勋爵指出,地球的收缩或普通的化学结合产生的热量不足以对整体论据造成显著影响。

放射性物体在衰变过程中辐射的热量至少是普通化学变化的一万倍,它们的发现为地球年龄问题的解答提供了另外一个线索。我们已经知道,放射性物质普遍分布于地球表面和大气中,地球表面镭的数量为几百吨的量级。

我们现在比较关心地球上必须均匀分布多少的镭才能弥补因传导至地球表面而损失的热量。传导至地球表面损失的热量,以每秒克——卡路里表示如下:

$$q = \pi R^2 K T$$

其中 R 为地球半径，K 为地球的热传导率，单位为 $G.S.$，为温度梯度。假定 X 为因放射性物质造成的每立方厘米的地球体积释放的平均热量。如果每秒提供的热量等于传导至表面损失的热量，则：

$$X \frac{4}{3} \pi R^2 = 4\pi R^2 KT, X = 3\frac{KT}{R}$$

取的平均值 $K=0.004$，也是开尔文勋爵计算时使用的数值，$T=0.00037$，则：

$X = 7 \times 10^{15}$ 克—卡路里每年

$= 2.2 \times 10^{-7}$ 克—卡路里每年

1 克镭在放射性平衡时每年发射 876000 克—卡路里的热量。因此镭的存在量为 2.6×10^{-13} 克立方厘米，或者 4.6×10^{-14} 克立方厘米时可以弥补传导损失的热量。

在上述计算中，放射性物质的存在是用镭表示的。毫无疑问，地球中也存在铀、钍和锕，这些物质的热效应也用镭来表示。基于这一点，地球中存在的放射性物质的总热效应大约为 2.70 亿吨的镭。由于已有确凿证据表明在地球表面薄壳中存在着几百吨镭时，所以这样一个估算值并不过分。取 A.S. 伊夫的估算值即需要 600 吨镭保持陆地大气层射气的供应，可以计算出这些射气来自地球浅表层大约深度为 18 米地方。这是基于地球中的镭均匀分布的假设得出的，这也符合从整体角度考虑所预期得到的厚度量级。

J. 埃尔斯特和 H. 盖特尔的实验已经表明，在岩石和土壤中发现的放射性物质的数量与该理论需求值相当。基于地球表面观察到的温度梯度进行推算时必定需要考虑放射性物质的热效应。如果计算得出的镭均匀分布于地球上，只要放射性物质的供应保持不变，则温度梯度总会保持常数；如果存在于地球表面的放射性物质数量大于该平均值，则温度梯度会因此大于观察值。

进行这些推算时缺乏一些必要的数据,但是有一点肯定的是,目前已有足够证据可对基于地球是简单冷却体理论计算得出的地球年龄提出严重质疑。迄今为止地球中观察到的温度梯度可能由于地球内持续产生热量而保持了千百万年稳定不变。

根据地球热量维持理论来解决地球年龄似乎行不通。地球中存在的镭源自母体物质铀,因此,铀必定以五千万分之一的比例存在于地球中。该比例值与目前得到的数据相比并不多。铀的寿命大约为 10 亿年,所以如果地球内部热量完全由铀和镭产生,则温度梯度在 10 亿年以前仅仅是今天观察值的两倍。

我们已经指出一些铀矿年龄有几亿年,且证据表明一些铀可能年代更加久远。单独从放射性数据得出的证据强烈支持以最低值估计地球的年龄为几亿年这个推算。

放射性数据本身不能让我们确定地球初始时是否为炽热体。地球初始时为熔融体的理论似乎主要是试图解释地球内部的热量而提出的。一些地质学家,比如著名的有芝加哥的 T. C. 钱伯林,就一直持有反对观点。这里提及只是作为一种可能性向各位作个介绍。

9.6 普通物质的放射性

有一个普遍性经验,即新发现的某个元素的每项物理性质一般都会在其他元素中找到不同程度的类似性质。例如,磁性在铁、镍和钴上表现最显著,但科学家发现每一个被检查的物质都具有微弱磁性或者是抗磁性。因此,按照普遍原理可以预见,普通物质也应该与具有明显放射性的镭一样也具有放射性。

初步检测结果表明,即使普通物质具有放射性,该放射性程度也是非常之微弱。不过后来 J. C. 麦克伦南、J. W. 斯特拉特、坎贝尔、伍德等表示,普通物质确实在一定程度上拥有对气体的电离作用。特别值得一提的是,坎贝尔[115]的仔细研究,他得到的证据强烈证明,普通物质确实拥有发射电离化辐射的性质,每个元素发射的辐射在特征和强度上不同。

针对这一问题进行实验相当困难,因为测得的电离电流极其微小。如果每个物质均发射 α 射线、穿透力射线,而后者在一些情况下又会产生显著的次级辐射,所以总的辐射作用将会是非常复杂的。

坎贝尔总结得出,从铅发射的 α 射线在空气中的电离范围大约为 12.5 厘米,而从铝发射的 α 射线电离范围仅为 6.5 厘米。平均而言,从普通物质发射的 α 射线比从镭发射的 α 射线具有相对较大的电离范围。将铅样品溶解于硝酸,并采用射气的方法检测镭的存在,但是并未观察到哪怕痕量镭的存在。

这未必会得出这些 α 粒子在质量上等于镭的 α 粒子。它们或许是氢原子,因为如果从普通物质发射的 α 粒子为氦原子,我们应该可以预期在铅中找到氦。

如果把发射 α 粒子作为原子裂变的证据,一个简单的计算表明,普通物质的寿命至少是铀的 1000 倍,即不低于 1012 年。

第十章

α 射线

10.1　α 射线的性质

前面几章我们讲了 α 射线与穿透力更强的 β 射线和 γ 射线相比在放射现象中所起的突出作用。它们不仅与放射性物质周围观察到的大部分电离作用密切相关，而且直接关系到从这些放射性物质产生的热能量的快速发射；此外，它们一般总是伴随不同类型放射性物质的衰变，而 β 射线和 γ 射线仅在少数几个产物中发射。最后，我们很有根据相信将 α 粒子确认为原子氦。

本章我们会较详细综述 α 射线更加重要的性质，尤其是镭及其产物发射的 α 射线。由于镭 α 射线强度较大，对它们的研究比相应强度微弱的铀和钍 α 射线相对容易。同时目前获得的证据表明，所有放射性物质发射的 α 粒子拥有相同的质量，每个产物发射 α 粒子的不同之处仅在于初始发射速度不同。

α 射线与 β 射线和 γ 射线相比更容易被物质吸收，且能够在放射性物体周围的空气中产生相对较大的电离作用。放射性物质表面包裹金属箔吸收屏后发现，不同放射性物质发射的 α 射线穿透力不同。

我们稍后会知道，镭的 α 射线可被厚度为 0.04 毫米的铝层或者被 7 厘米的空气层完全阻断。因此，α 射线的电离作用限制在较短的距离，而 β 射线的电离作用可延伸至几米，γ射线的电离作用可延伸至几百米。

人们开始以为α射线不被磁场偏转，因为应用足够强的磁场可以完全使β射线弯离原运动轨道而对α射线无明显的影响。1901年，卢瑟福开始用电学方法做实验以检查α射线是否能被强的磁场偏转，但是当时条件所限制备得的镭放射性很微弱（活度为1000），产生的电效应太小而无法将实验向必要的极限推进。后来1902年，卢瑟福[116]制备得到活度为1.9万的镭，实验非常成功，结果发现α射线在通过磁场和电场时均发生偏转。α射线偏转方向与β射线相反，这表明α场和电场的偏转度可以确定α粒子的质量和速度。荷质比e/m值（α粒子携带电荷与其质量之比）经计算为6×10^3，而粒子的最大速度经计算为2，设α粒子携带与氢原子相同的电荷，则其质量为氢原子的2倍。我们已经知道，α射线在给定磁场中发生的偏转相比β射线非常微小。镭最快速发射的α粒子垂直进入强度为1万C. G. S. 单位的磁场中形成半径为40厘米的圆弧。镭以96％光速，最快.5×10^9厘米每秒。由于氢原子荷质比e/m的比值大约为10^4，表明α粒子为原子大小，假速发射的β粒子，在相同磁场条件下形成半径为5毫米的圆弧。

H. A. 贝克勒尔[117]采用照相感光的方法确证了镭α射线在磁场中的偏转，并表明钍的α射线具有类似的性质。使用纯的溴化镭作为射线源，库德尔[118]测量了一束α射线经过磁场和电场后在真空中的偏转。他发现荷质比e/m为6.3×10^3，速度为1.64×10^9厘米每秒。卢瑟福和库德尔得到的荷质比e/m具有很好的一致性，但是速度值差别较大。库德尔实验中α射线通过铝屏，这降低了α粒子的速度，后面会知道镭最快速发射的α粒子正确速度大约为2×10^9厘米每秒，或者大约为光速的1/15。

1905年，麦肯齐[119]使用纯溴化镭作为射线源再次对该问题进行了研究。他采用照相感光的方法，α射线落在下表面覆盖硫化锌层的玻璃板上。感光板置于玻璃板的上表面，用α射线在硫化锌屏上产生的闪烁光线照射感光板。与以前一样，观察到射线束在穿过磁场和电场后发生偏转。α射线在磁场中发生的偏转并不均等，表明 α 粒子的质量或速度不相同。磁场和电场对射线的分散作用使得很难准确推算出射线常数。他取偏转粒子束的分散均值进行计算，并假设所有 α 粒子携带相同的电荷并拥有相同的质量，最后得出荷质比 e/m 值为 4.6×10^3，α 粒子的速度在 $1.3 \times 10^9 \sim 1.96 \times 10^9$ 厘米每秒之间不等。

由于 α 粒子的荷质比 e/m 值有助于揭示 α 粒子与氦原子的关系，所以人们一早就了解到了准确测定该值的重要性。目前所有方法都采用放射性平衡态的镭厚层作为射线源。根据 W. H. 布拉格和 R. 克里曼提出的 α 射线吸收理论确认出镭厚层或镭薄层发射的 α 射线必定包含运动速度不同的 α 粒子。不过使用混合射线束做实验也很大的弊端，因为不可能知道磁场中发生偏转最大的射线是否对应于电场中发生偏转最大的射线。

准确测定荷质比 e/m 值最简单的方法是使用均一的射线源，即放射性物质发射的所有 α 粒子以相同的速度逃逸。卢瑟福发现，通过暴露于镭射气而获得放射性的金属丝完全满足这些基本要求。由镭 A、B 和 C 组成的放射性物质以薄膜形式沉积在暴露于射气的负电金属丝上。在射气中暴露 3 个小时后，金属丝的放射性活度达到最大值。将金属丝从射气中取出，半衰期为 3 分钟的镭 A 迅速发生衰变，并在 15 分钟后消失。剩下的放射性活度则完全由镭 C 导致。在磁场中未发现有明显的分散，所以镭 C 的 α 粒子均以相等的速度发射。粒子发射进入金属丝后被完全吸收，发生逃逸的粒子在经过强放射性物质薄膜时不会有速度损失。

将 $10 \sim 20$ 毫克镭制备成溶液，将 1 厘米长的金属丝按照图 4.2 所示进行放置后可获得极强的放射性。金属丝对靠近它的板产生很强的感光作用。该射线源的射线主要缺点在于所得射线强度会迅速下降，从射气中取出两小时后金属丝放射性活度仅剩初始值的 14%。

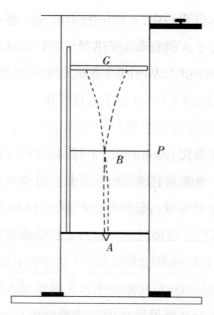

图 10.1　强磁场中 α 射线束偏转度测定装置

图 10.1 所示装置十分便于测定射线在磁场中的偏转。将放射性金属丝放置于槽 A 中。射线经过窄缝 B 并落至小片感光板 C 上。装置密闭于圆柱形容器 P 中，其中的空气可被快速抽走。将装置置于大电磁体的磁极片之间，这样磁场方向平行于金属丝和狭缝的方向，并在整个射线路径上均匀分布。电磁体用稳定电流激发，每十分钟交替电流方向。在冲洗照相底板时观察到两条界线分明的光谱带对应于垂直方向相反两侧偏转的射线束。

如果为射线在强度均匀的磁场 H 中运动轨迹曲率半径，则 $HP = \dfrac{mV}{e}$。其中 V 为射线速度，e 为粒子携带电荷，m 为质量。

则按照圆的性质，如果偏转度与相比小，则：

$$apd = a(a = b)$$

因而：

$$\frac{mV}{e} = HP = \frac{Ha(a = b)}{2b}$$

采用金属丝作为射线源,实际照相中射线束轨迹清晰显现,边界分明,这样很容易测得值,即一条光谱带内侧边缘与另一条光谱带外侧边缘之间的距离。

通过这种方法计算得出镭 C 发射的 α 粒子的值为 4.06×10^5。在强度为 1 万 C. G. S. 单位的磁场中,α 粒子的运动轨迹半径为 40.6 厘米。

10.2 穿过物质的 α 粒子的速度延滞

卢瑟福[120]发现 α 粒子的速度在穿过物质时减小,这一点可通过对上述实验稍作调整来说明,H. A. 贝克勒尔也曾使用过该装置。云母板垂直于狭缝放置将装置分成均等两部分。

感光板的一半用裸金属线的射线照射,而另一半,金属线发射的射线先穿过吸收屏然后再照射到感光板上。这种方法得到的照相如图 10.2 所示。上面两条谱带 A 代表射线束轨迹,从反方向磁场中获得的裸金属丝射线轨迹;下面两条谱带 B 为正向磁场中外层包覆 8 层铝箔的金属丝射线轨迹,铝箔每层厚度约为 0.00031 厘米。实验过程中将装置抽真空从而可忽略空气吸收的射线。

由图 10.2 可清晰看到,通过铝箔层的射线束发生较大的偏转。由于粒子的荷质比 e/m 值不会因粒子穿过物质而发生改变,则射线发生较大偏转是射线在穿过吸收屏后速度降低所致。该速度与谱带中心间距成反比。

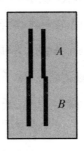

图 10.2 穿过物质的 α 粒子的速度延滞

已知镭 C 的 α 粒子开始时发射速度均相同。射线经过吸收屏后未发生射线的分散,这表明所有 α 粒子的速度在穿过吸收屏时被等量减少。

表 10-1 给出了从镭 C 发射的 α 粒子在穿过一系列铝箔层后的速度,铝箔每层厚度为 0.0003 厘米。速度用 V 表示,代表裸金属丝的镭 C 的 α 粒子速度。

表 10-1　穿过铝箔层的 α 粒子的速度

铝箔层数	α 粒子的速度
0	1.00
2	0.96
4	0.87
6	0.80
8	0.72
10	0.63
12	0.53
14	0.43
14.5	不可测量

在通过 10 层铝箔后射线的感光作用显著减弱。穿过 13 层铝箔后,感光作用虽弱但感光效果分明,使用强放射性金属丝则在通过 14 层后仍可观察到感光作用。由于射线感光作用的下降,需要放射性很强的金属丝才能在射线穿过多于 12 层铝箔后仍能使底板明显变黑。目前为止观察到的 α 粒子的最低速度大约为 0.4,该值相应于射线经过 14 层铝箔后射线的速度。α 射线的感光作用随吸收层的增加而减小,但是在通过厚度大于 10 层的铝箔后作用迅速下降。以这种方式测得的 α 粒子速度在感光作用几乎消失后仍然很可观,表明 α 粒子具有一个临界速度,低于该速度则粒子不能产生明显的感光作用。

射线的电离作用和磷光效应也观察到了类似的突然下降。在对镭薄层的观察实验中,W. H. 布拉格发现镭 C 的电离作用在穿越 7.06 厘米的空气后发生相对突然的终止。后来麦克朗使用覆盖镭 C 的放射性金属丝作为射线源时,也观察到了类似结果。

以类似的方式卢瑟福发现,α 粒子在硫化锌屏上产生的闪烁在射线穿过 6.8 厘米的空气后突然停止。如果铝箔层包于放射性金属丝表面,则射线穿过每层铝箔后的电离作用和磷光效应范围以一定量减小。感光实验中使用的每层铝箔具有相等的阻止能力,即等于 0.50 厘米的空气。α 射线的感光作用在通过 14 层铝箔后刚好可见,这相当于穿过 7.0 厘米的空气,几乎等于电离和磷光效应消失的距离。因而 α 射线的三个特征作用在通过既定距离的空气或者既定厚度的吸收屏后会同时停止。除非 α 粒子在穿过空气后速度立即大幅度下跌,否则 α 粒子似乎应该有一个临界速度,在该速度值之下 α 粒子不产生明显的电离作用感光效应或闪烁效应。α 粒子的这种性质将在后面进行更详细的讨论。在任何情况下,α 粒子这三种作用在超出限定距离的快速下降都表明它们之间有着某种紧密的联系。α 粒子感光作用与电离作用以相同的方式快速下降,所以有一定道理可以认为照相底板感光是由于射线照射使银盐发生电离作用的结果。

类似地,在硫化锌上观察到的闪烁可能主要是因为物质发生电离后这些离子的重新结合导致的。闪烁亮度自然是取决于 α 粒子的速度。如果 α 射线使硫化锌屏发光纯属机械作用并且晶体的分裂会产生闪烁,很难看出既然粒子仍拥有可观的能量,该晶体分裂作用导致的闪烁效应为何会突然大幅下跌。

10.3 α 射线的静电偏转

采用如图 10.3 所示装置测量镭 C 的 α 射线在电场中的静电偏转度。

放射活性金属丝 W 的射线在穿越黄铜容器底座的云母薄板后垂直进入两绝缘平行板 A 和 B 平板之间的空间,平行板高 4 厘米,两板之间距离 0.21 厘米。将云母薄片放置于板间使板间距保持固定。蓄电池终端与 A 和 B 相连使得两板间产生强电场。从两板间射出的射线束落于感光板 P 上,P 置于距两板有一定距离的固定位置。通过水银泵将容器中的空气抽至低压。在带电板间通过时，α粒子运动轨迹呈抛物线型，在射出后呈直线运动至感光板。通过反转电场方向可以改变射线束的偏转方向。

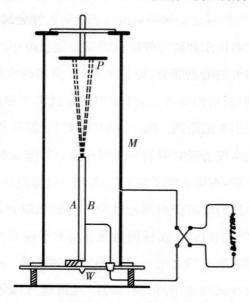

图 10.3　射线在强电场中的偏转度测量装置

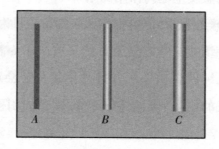

图 10.4　α射线的静电偏转度。按照实际照片比例绘制谱带。放大大约 3 倍。

图 10.4 中 A 代表无电场作用时感光板上光谱线的自然宽度；B 和 C 代表的是两板间电势差分别为 340 伏特和 497 伏特时射线束的微小偏转。对于较小电压，谱线的自然宽度扩展了；对于电压增高的情况，单谱线则分裂成两条，谱线宽度稳定变窄。理论上也可预估出这样的结果。很容易可以看出，如果电势差为 E 时偏转带最边缘之间的距离为 D，则：

$$\frac{mV}{e} = \frac{8EL^2}{(D-d^2)}$$

其中，E 为 α 携带的电荷，m 为 α 粒子的质量，v 为粒子的速度，为感光板与平行板末端之间的距离，为平行板之间的距离。这个简化的等式仅在电场强度足以使 α 粒子在电场中通过大于的距离并发生偏转的情况下成立。对于电场强度较小的情况需要对该等式进行修正。

对射线通过云母屏后的速度降低情况进行分别测定。在多数实验中，云母板使镭 C 的 α 粒子速度降低 24%。

从磁场偏转度，可确定值 $\frac{mV}{e}$，而从电场偏转度，可确定值 $\frac{mV^2}{e}$。从这两个等式可以推算出荷质比 e/m 值和速度值，计算结果发现[121]：①α 粒子通过物质后 e/m 值未发生改变；②e/m 值非常接近于 5×10^3；③镭 C 发射 α 粒子的初始速度为 2×10^9 厘米每秒。

采用类似的方法确定镭 A 和镭 F（放射碲）发射的 α 粒子的速度和荷质比 e/m 值。在两种情况下的实验误差范围内，e/m 值为 5×10^3。镭 A 发射的 α 粒子的初始速度大约是从镭 C 发射 α 粒子初始速度的 86%，而从放射碲发射的 α 粒子的速度是镭 C 发射 α 粒子速度的 80%。关于镭本身及其射气发射的 α 粒子的速度和 e/m 值的测量实验尚未全部完成，但是目前获得的结果表明，它们的 α 粒子 e/m 值将与其他情况下测量所得结果相同。这也说明镭及其产物发射的 α 粒子具有相同的质量，而初始发射速度不同。α 粒子为携带两个离子电荷的氦原子的支持证据已经在第八章（8.2）进行了详细讨论。

卢瑟福实验室的 O 哈恩博士发现，钍 B 发射的 α 射线在磁场和电场中均发生偏转。这些射线的速度比镭 C 发射射线速度大 10%，但是它们具有相同的 e/m 值。实验中，通过暴露于放射碲释放的钍射气，使钍 B 沉积于带负电细金属丝，放射碲由 O.哈恩分离获得，具有极强的放射性。此外，还采用电学方法和闪烁方法测定了钍 B 的 α 粒子在空气中的射程大约为 8.6 厘米,该值比镭 C 发射的 α 粒子射程大 1.6 厘米。

由于钍 B 和镭产物发射的 α 粒子具有相同的质量,所以推断出从其他钍产物发射的 α 粒子可能也具有相同的质量。虽然尚未测定锕发射的 α 粒子的质量,但是有根据相信它也与镭的 α 粒子具有同样的数值。因此可以得出,不同放射性物体的唯一共同产物为 α 粒子,而我们已经知道,α 粒子为放射性物质发射出的氦原子。

10.4 α 射线的散射

众所周知,一束窄的 β 入射光束或者阴极射线在穿过物质后会发生散射,出射光束不再有清晰的限定轨迹。该 β 射线的散射随 β 粒子速度的减小而增加。在一篇理论性讨论文章中,W. H. 布拉格[122]指出该 β 射线的散射是在意料之中的。由于 β 粒子是穿过物质分子后进入原子性电场的,所以它的运动方向自然会发生改变。β 粒子动能越小,则 β 粒子射线在运动路径上发生的偏转越大。如果一束窄的 β 射线落在吸收屏上,则一部分射线将会遭受很大偏转,以致出射光束呈很宽的圆锥体。

由于 β 粒子动能较大,理论上可以预料它会比 α 粒子在各自通过物质的路径遭受更大的偏转。而 α 粒子必定近乎以直线运动并直接穿过物质的原子或分子,且运动方向不会发生很大改变。W. H. 布拉格的理论性结论得到了实验结果的证实。α 粒子相比以同样速度运动的 β 粒子发生较小的散射作用,所以一束窄的 α 射线在穿越过吸收屏射出后射线仍然具有清晰的限定轨迹。

同时需要知道,粒子射线在通过物质的路径中会发生较小的散射。例如,通过空气的 α 射线束落在感光板上的宽度总是比通过真空时宽些。此外,光束带的边缘在空气中不如在真空中轨迹清晰,这表明一些 α 粒子在通过空气分子时发生了运动方向的改变。

由于吸收屏放置于放射源和狭缝之间的金属丝之上,射线散射作用的存在并未导致因通过物质而发生速度延滞的 α 粒子(如图 10.2 所示)速率测定装置复杂化。不过如果吸收屏放置于狭缝上面,则立刻可以观察到 α 粒子射线运动轨迹在板上加宽的散射作用,而不是当吸收屏置于狭缝下面时轨迹清晰的窄谱带。11 铝箔放置于狭缝上面近乎足以阻断射线的电离和感光作用,对感光板进行检查显示一些射线偏离正常轨迹 $3°$,另外一些可能偏转角度更大,只是由于感光作用太小而检测不到具体数值。

因此我们可以得出,α 粒子运动路径尤其当速度较小时会在通过物质后发生相当大偏转。拥有巨大动能的 α 粒子运动方向可以在通过物质后发生改变这一事实表明,原子内部或者它紧邻的四周必定存在着非常强的电场。在通过的物质距离为 0.003 厘米时,如果粒子运动方向发生 $3°$ 的改变,则需要在相应距离内存在平均强度大于 2000 万伏特每厘米的电场。这已经很清楚地说明原子内部必定形成高强度电场,该推断与物质的电子理论相一致。

已知镭 C 发射的 α 粒子速度降至初始值的 40% 左右时会失去感光作用。由于 α 粒子在通过物质后发生散射使情况复杂化,因而很难确定 α 粒子是否真正具有这种"临界速度"性质,即低于该值时不产生特征性作用,还是它仅仅是射线的一种表观性质。虽然未对已有证据进行详细讨论,而卢瑟福认为 α 粒子确实存在这样一个临界速度。

10.5 来自镭厚层的 α 射线的感光作用

由于镭及其产物发射 α 粒子通过物质后速度降低,则从镭厚层射出的放射产物必定含有在很宽范围内运动的粒子。换言之,发射自离放射性物质表面一定深处的 α 粒子在穿过镭本身过程中会出现速度延滞。

因此发射自镭的射线束是复合性的,如果磁场垂直作用于射线的方向,每个粒子运动轨迹将会是弧形,轨迹半径直接正比于粒子的速度。

α 粒子在磁场中的不等量偏转产生一个"磁场光谱",其中粒子运动轨迹的自然宽度增加了很多。麦肯齐[123]和卢瑟福[124]观察到了复合射线束的这种分散作用。

我们已知当 α 射线速度落至大约 $0.6V_0$ 时产生相对较小的感光作用，其中 V_0 为镭 C 发射的 α 粒子的最大速度。在实际得到的射线束偏转照片中，卢瑟福观察到射线的速度落在 $0.67V_0 \sim 0.95V_0$ 之间；而麦肯齐通过闪烁的方法观察到射线的速度在 $0.65V_0 \sim 0.98V_0$ 之间。考虑到镭的 β 射线和 γ 射线的感光作用阻止了 α 射线微弱感光作用的检测，则可以认为观察结果与理论预测具有很好的一致性。

H. A. 贝克勒尔[125]早前在镭厚层发射的 α 射线束通过均一磁场发生偏转实验中观察到一个有趣的特点。一束窄分布的射线垂直落于感光板上，感光板垂直于狭缝放置并与垂直角倾斜一个小的角度。改变磁场的方向，则在板上观察到了两组很细的分叉线 SP 和 SP′（如图 10.5 所示）。任意点的两组线之间的距离代表射线束离正常位置发生偏转的两倍。通过仔细测量，H. A. 贝克勒尔发现这些分叉线并不是标准的圆形弧线，且射线运动轨迹曲率半径随射线距离发射源越远而增加。H. A. 贝克勒尔认为镭的 α 射线是均一的，并从实验中得出，由于通过空气过程中发生粒子的堆积而致使粒子的 m 值增加，因而粒子的荷质比 e/m 值在粒子通过空气过程中逐渐降低。

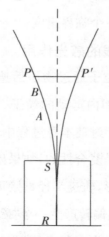

图 10.5　镭厚层 α 射线的感光效应

但是 W. H. 布拉格[126]表示，对射线的这种轨迹特点的理解很简单，只要考虑到射线束的复合性而无须做 e/m 值改变的假设即可解释上述轨迹特点。实验装置简图如 10.5 所示。SP 和 SP' 代表射线射出狭缝 S 后在均一磁场中感光板上发生分散轨迹。

例如,我们首先看轨迹外边缘 A 点。此处感光效应由最低速粒子造成,该速度刚好能够在 A 点产生感光效应。然后再看离放射源更远的下一点 B。同一轨迹边缘的 α 粒子一定拥有相同的速度;而由于 B 点的粒子必须在空气中穿过距离 BR 而不是 AR,所以它们的起始速度必定更大,这与 α 粒子通过空气过程中速度被延滞相符。同时,由于 B 点粒子偏转通过的距离大于 A 点粒子($BR>AR$),则说明 B 点粒子平均速度大于 A 点粒子,否则二者偏转通过的距离应该相等。粒子平均速度的不同使得从放射源开始粒子轨迹曲率半径逐渐增加,该结果与 H. A. 贝克勒尔的观察一致。

粒子在轨迹内边缘产生的效应恰恰相反,内边缘轨迹是由最快速的镭 α 粒子运动产生,即镭 C 发射的 α 粒子。由于这些粒子的速度在通过空气时降低,则内部边缘将显示曲率半径的降低,则轨迹宽度自然会缩减。但是该效应很小实验中容易被射线通过空气发生的散射作用掩盖。

镭复合射线束还有另外一个自相矛盾的效应。H. A. 贝克勒尔[127]表示,磁场中射线外缘轨迹不会因放置吸收屏于镭上而改变。我们已经知道对于均一 α 射线源而言,射线束在通过吸收屏后会发生较大的偏转。未在镭复合射线束中观察到该效应,这使得 H. A. 贝克勒尔以为镭的 α 粒子通过物质时速度不会降低。而实际情况是,每一个镭产物的 α 粒子在通过物质时均遭受速度的延滞。

对于这种表观自相矛盾现象的解释其实非常简单。复合射线束的外缘轨迹由最低速 α 粒子造成,它刚好能够使粒子产生可见的感光效应。这些粒子的速度在 $0.6V_0$ 左右,V_0 为镭 C 发射粒子的初始速度。当将吸收屏放置于镭上方时,所有的 α 粒子遭受速度的延滞。射线轨迹的外边缘由最低速 α 粒子产生;这些粒子与上述粒子速度相同但并不属于同一组,它们是由通过吸收屏过程中降至该最低速度值的另一组粒子组成。因此，放置吸收屏后未观察到射线束偏转度增加就是预料之中的结果了。这些复合射线束的异常行为也说明了使用均一射线源研究 α 射线性质的必要性。

我们对复合 α 射线束的这些特别之处进行了比较详细的解释，部分原因是因为它们本身非常有趣，还有部分原因是如何解释复合射线束产生的效应一直是某些讨论的主题。

10.6 α 射线的吸收

我们已经知道，α 粒子在通过几厘米的空气或几层金属箔后会被停止。将放射性物质大面积均匀平摊于金属板上，测量该金属板和与之平行的另一个金属板之间的饱和电流，两板之间距离为几厘米。当将连续几层铝或其他金属箔放置于放射性物质上方时，发现在吸收屏存在下电离电流大约呈指数规律下降。一般采用具有一定厚度的放射性物质进行实验，对于镭而言，电离电流变化的指数规律在相当大范围成立，因此规律吻合度相对较高。

居里夫人采用不同的方式进行了放射性钋 α 射线的吸收实验。钋的射线通过金属板上的一个洞，该金属板被铝金属丝网覆罩，测量该板与之距离 3 厘米的平行板之间的电离电流。当将钋放置于铝窗以下 4 厘米时未观察到明显的电流，但是如果缩短该距离，则可观察到电流迅速增加，以至距离发生小的变动也会导致电离电流产生巨大的变化。电流的迅速增加表明，在穿过一定距离的空气后 α 射线的电离作用突然停止。若在钋上方增加一层金属箔，则该临界距离会缩减。

两平行板间的电离电流在吸收屏存在下按照指数规律变化，而用具有一定厚度的放射性物质作为射线源则容易模糊 α 射线吸收的真正规律——P. 勒勒纳德观察到了阴极射线吸收的指数规律。1904 年，W. H. 布拉格和 R. 克里曼[128]从理论和实验两方面对 α 射线吸收规律进行了研究，他们所做的有趣实验为揭示 α 射线本质和物质对 α 射线的吸收规律提供了大量新线索。

W. H. 布拉格提出了一个 α 射线吸收的简单理论,用以解释他们的实验观察结果。按照他的理论,所有从一种放射性物质薄层发射的 α 粒子应该以等速发射并且在被吸收前会在空气中通过固定的距离。α 粒子在通过空气时速度降低是由于粒子在电离气体时会消耗动能。首先做一个近似假设,即单个 α 粒子在每厘米运动路径上产生的电离作用在一定距离范围内是常数,并且当粒子在空气中通过一定距离后电离作用会迅速大幅下降。每种 α 射线产物 α 粒子的这一"距离范围(射)"随 α 粒子的初始发射速度不同而异。如果吸收屏放置于射线运动路径上,则某单一 α 射线产物的 α 粒子速度都会以特定比例缩减,而出射粒子在空气中穿过的距离缩减程度正比于吸收屏的厚度以及屏相对空气的密度。

仅含有单一射线源的放射性物质厚层表面发射的射线具有最大射程。从相对于空气密度为的放射性物质深度处出射的粒子在空气中穿越距离为。从具有一定厚度的放射性物质射出的 α 粒子速度会有很大不同,不同速度粒子在空气中穿越距离在 0 和最大值之间也各不相同。

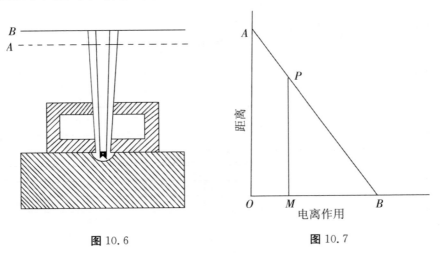

图 10.6　　　　　　　　　图 10.7

假设从单一类型的放射性物质 R(如图 10.6 所示)发射出一束窄射线穿过金属丝网 A 进入电离容器 AB。如果这种放射性物质厚度很小以至于 α

射线可正常穿过该薄层而不会有明显的速度延滞，则离射线源不同距离的电离作用可用图 10.7 中的 APM 曲线表示。纵坐标代表自放射源的距离，其中，横坐标代表容器中产生的电离作用。电离作用突然开始于 A 并在 P 点达到最大值，此时射线上传至电离室 B 板的 P 点，然后保持常数直到射线到达 P 点。

对于具有一定厚度的放射源，其射线在空气中穿越的距离可以是 0 至最大值之间的任意值，当电离容器接近放射源时，会有越来越多的 α 粒子进入电离容器，则所得电离曲线表现为直线 APB。

理论上，必须使用窄束射线和浅的电离容器才能获得 APB 电离直线。这种情况下所有距离范围内都不必把放射强度按照平方反比定律大幅降低考虑进去了。W. H. 布拉格和 R. 克里曼的实验表明，这些理论性结论几乎在现实中得到了实现。

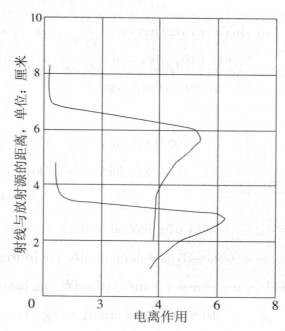

图 10.8 W. H. 布拉格和 R. 克里曼的镭薄层电离曲线

首先讨论放射性物质薄层的情况。该放射薄层通过蒸发少量溴化镭溶液获得。射气被蒸发,而残留放射性淀质在容器中发生衰变。大约 3 小时后,放射性仅由镭本身的 α 射线产生。W. H. 布拉格和 R. 克里曼获得的电离曲线如图 10.8 中曲线 A 所示。当电离室距离射线源 3.5 厘米以上时,仅观察到微小的电流。在 3.5 厘米处,电流很快增加,并在 2.85 厘米处达到最大值,然后电离电流随距离快速大幅度下降。因此,镭本身 α 射线的最大电离距离为 3.5 厘米。

镭 C 的电离曲线如图 10.8 中曲线 B。该曲线由麦克朗[129]采用 W. H. 布拉格和 R. 克里曼的实验方法测得。镭 C 以极薄的薄膜沉积在暴露于镭射气的金属丝上。镭 C 射线最大电离距离为 6.8 厘米,电离作用降低方式非常类似于 W. H. 布拉格所观察到的镭射线。

在 W. H. 布拉格的实验中,电离室深 2 毫米,而麦克朗实验中的电离室深度为 5 毫米。对于镭 C,电离作用在 4 厘米距离内似乎接近均一,然后迅速增加,在距离为 5.7 厘米时达最大值。鉴于电离室深度可感,而圆锥光束的宽度相对较大,可以看出电离作用必定在距离 6.8 厘米处快速增加,但是增加速度并不像简单的理论预计的那样快。

通过对比镭 C 的 α 粒子通过铝层时的缩减速度,可以计算出在曲线肘尖处 α 粒子速度大约为初始发射速度的 0.56。在这个速度下,α 粒子是最有效率的电离剂。

W. H. 布拉格和 R. 克里曼采用该方法检测了放射性平衡时不同镭 α 射线产物的电离距离。他们用镭薄层进行实验得到电离曲线如图 10.9 所示。

首批 α 射线在距离射线源 7.06 厘米时进入测试容器。这些射线从镭 C 发射,在所有镭产物射线中拥有最大射程。在点 b 时曲线突然以一定角度转折,表明在该点来自另一个产物的 α 射线进入测试容器,该射线在空气中的射程为 4.83 厘米。在曲线 d 点距离为 4.23 厘米处也有类似但不十分明显的转折,表明另一组射线也进入了测试容器。在 f 点的转折是由于容器中镭本身射线的出现造成的。我们从这些结果可以得出,镭的 α 粒子在空气中的射程为 3.5 厘米,镭 C 的 α 粒子在空气中的射程为 7.06 厘米。射程 4.23 和 4.83 属于射气和镭 A,但是由于镭 A 的快速衰变,还不可能确定这些数字哪个是属于射气的射线,哪个是属于镭 A 的射线。

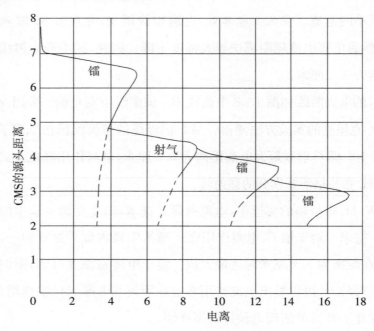

图 10.9　W. H. 布拉格和 R. 克里曼的镭薄层电离曲线

　　如果将曲线 oAB 向下延至 c,则曲线 $oABc$ 代表单独镭 C 射线在离放射源不同距离时产生的电离作用。进行曲线的自我加和,首先将 $oABc$ 降低 2.23 厘米,相应于射程 7.06 厘米和 4.83 厘米的差。新曲线 bde 准确落在实验曲线 bd 上。如果接着曲线 bde 降低 6.0 毫米,相应于与后续产物的射程差,得到曲线 dfg 也刚好落在实验曲线上。dfg 曲线降低 7.3 毫米会发现所得新曲线最终落在实验曲线 fhk 上。

　　如果已知单个产物的电离曲线,则混合产物的实验曲线可以由各产物电离曲线简单叠加得到。这表示如果对 α 粒子初始发射速度进行修正,则会得出镭及其每个产物的电离曲线是相同的。同时也说明从每个 α 射线产物每秒发射的 α 粒子数目相同。如果各种产物间具有连续性,则可从裂变理论得出相同结论。

W. H. 布拉格和 R. 克里曼实验所得结论因而以一种新颖方式确证了连续衰变理论,而该理论最初的发展完全出自不同考虑。他们通过实验表明了衰变产物的连续性,否则实验曲线不能仅从单一产物电离曲线叠加得到。

所以我们可以说镭 A 和镭 C 为连续衰变产物,尽管很难通过直接实验验证。同时实验结果也再次表明,所有产物发射的 α 粒子除了速度可以不同其他各方面均相同,这一点已通过直接测量的方法给予确证。

由 W. H. 布拉格和 R. 克里曼所发展的研究方法不仅为 α 射线的吸收本质提供了线索,同时间接为放射性物质 α 射线产物数目的确定提供了强有力手段。即使不能通过化学方法将产物从母体物质中分离出来,但只要根据产物 α 粒子在空气中具有的不同射程即可确定射线产物数目。电离曲线的一系列拐点是存在不同 α 射线产物的直接反映。通过这种方法,O. 哈恩博士表示,曾被认为只含一种产物的钍 B 据他发现实际含有两种产物。很难通过化学或物理的方法分离这些产物表明其中,一个产物的衰变速度极快(半衰期极短)。

以上我们讨论了镭薄层的电离曲线,它清晰显示了 α 射线吸收的根本特性。W. H. 布拉格和 R. 克里曼也测得了具有一定厚度的镭的电离曲线图(如图 10.10 所示)。曲线由若干直线构成,这些直线之间相交呈极小的锐角。在 Q 点之上的电离作用由镭 C 射线所致。在 Q 点,射程约为 4.8 厘米的某产物 α 粒子进入电离室,曲线开始时呈锐角。当另外两种产物的 α 粒子进入电离室时在 R 点和 S 点观察到类似的转折。曲线 PQ、QR、RS、ST 的斜率非常接近于比值 1、2、3 和 4,这些值也可从简单理论推算得出。

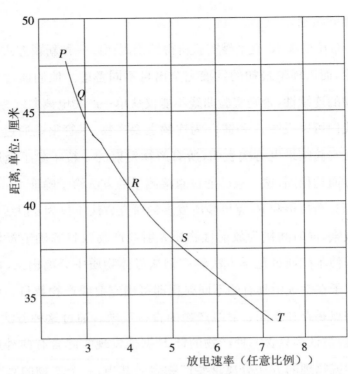

图 10.10　W. H. 布拉格和 R. 克里曼的镭厚层电离曲线

　　W. H. 布拉格和 R. 克里曼也实验了各种金属箔和空气以外的气体对 α 射线的吸收。放射物薄层之上放置均匀吸收屏是为了对电离曲线整个阶段产生等量吸收。例如,对于单位面积重量为 0.00967 克的银箔吸收屏,α 射线射程损失等于单位面积重量为 0.00402 克的空气厚度 3.35 厘米。两个重量比值为 2.41,表明银的阻止力为空气单纯密度定律预计值的 2.41 倍。对若干不同金属箔进行类似的检测显示,金属箔的阻止力大约正比于金属原子量的平方根。类似规律对于一定密度范围内的不同气体也成立。这种异乎寻常的关系也表明,金属原子吸收能量正比于该金属原子量的平方根。已知对于简单的气体像氢气、氧气和二氧化碳,完全吸收给定强度的 α 射线后产生的离子总数几乎相同,这表明每种情况下产生离子需要相等的能量。如果气体的阻止力主要由产生离子消耗的能量决定,则 W. H. 布拉格和 R. 克里曼得到的结果表明,平均而言给定速度的 α 粒子通过氧原子后产生的离子数是通过氢原子后产生离子数的 4 倍。这未必说明在 α 粒子路径上的每一个气体原子都会被电离，而应是考虑有大量原子存在时的统计平均结果。同时有证据表明 α 粒子在空气中产生的离子数至少不小于与其碰撞的分子数。这驱使我们推测 α 粒子可使每个重气体分子产生两个或两个以上离子，或者 α 粒子在大密度气体中作用范围大于小密度气体。

不管可得出什么样的结论，电离作用与不同元素原子量之间存在某种根本性的联系这一点是可以肯定的。

10.7 α 射线携带的电荷

我们已经看到 α 粒子在磁场或电场中会发生偏转，就像是携带了正电荷。同时据以前观察发现，镭的 β 粒子携带负电荷而发射 β 粒子的镭则获得正电荷。镭的这种性质可通过 J. W. 斯特拉特设计的简单实验装置加以说明，该装置被称为"镭时钟"。两片金箔叶在含镭绝缘管中相连接，整个装置置于抽至低压的容器中。β 粒子从镭绝缘管中发射出来，携带负电荷，镭绝缘管内部携带等量正电荷。携带正电的金箔叶逐渐分开，分开一定距离后通过适当接触使自动放电。该充电和放电过程无限期持续，或者至少等于镭本身存在的时间。使用 30 毫克的溴化镭，可使金箔叶每分钟进行若干次充电和放电的循环。

如果用已经加热除去 β 射线和 γ 射线的镭薄层覆盖的金属杆或金属板代替上述实验装置中的镭物质，不论容器真空度如何，均不能观察到类似的充电作用。如果将绝缘板充正电或负电，则电荷也会很快消失。

该实验也可用覆盖放射碲薄层(镭 F)的金属板进行简单的演示。放射碲的优势为发射 α 射线但不发射 β 射线。J. J. 汤姆逊对以前实验中未检测到 α 射线携带电荷的原因进行了分析并给予了清晰的解释。他表示，放射碲金属板除发射 α 粒子之外还发射大量慢速运动的电子，而电子几乎没有穿透性，且运动速度很低，所以它们很容易被电场或磁场折回或者从运动路径上发生弯转。这些大量携带着负电荷的电子通常条件下完全掩盖了 α 粒子携带的电荷。然而我们可以通过施加与放射性金属板平行的强磁场来几乎完全消除这些慢速运动的电子。在磁场作用下金属板上发射的电子运动路径发生改变而折回至发射它们的金属板。这种条件下的高度真空容器中，金属板获得负电荷，而被 α 粒子撞击的物体则获得正电荷。

这些结果清晰表明 α 粒子发射时携带正电荷，但同时这些粒子也总是伴随大量缓慢运动的电子。这些电子像是 α 粒子从放射性物质逃逸和 α 粒子撞击物质产生的次级放射产物。不仅在放射碲而且在镭本身、镭的射气和钍的射气中观察到了电子的存在。这些电子看似为 α 粒子发射的必要伴随产物，但是不能将之与正宗的 β 射线相混淆，因为 β 射线的发射速度远大于电子的发射速度，而且 β 射线具有很强的穿透力。采用磁场消除缓慢运动的电子产生的干扰，卢瑟福测定了从均匀分布于板上的镭薄层发射的 α 射线携带的电荷，推算出 1 克镭在放射性活度最低时每秒发射 6.2×10^{10} 个 α 粒子。对于处于平衡态的镭，此时含有 4 种 α 射线产物，相应的数目为 2.5×10^{11}。这些数值的计算依据是假设每个 α 粒子携带电荷值为 3.4×10^{11} 个静电单位的单倍电荷。如果 α 粒子携带双倍的电荷，则发射的粒子数目仅为上述值的一半。

将铅金属杆暴露于镭的射气获得镭 C 后测量镭 C 的 α 射线携带的电荷，然后计算得出每秒从 1 克镭发射的 β 粒子数为 7.3×10^{11} 个。最近 G. C. 施密特表示，以前认为的非射线产物镭 B 以及镭 C 都可发射 β 粒子，但是这些粒子具有的穿透力要小得多。如果每秒从镭 B 和镭 C 发射等数目的 β 粒子，则 1 克镭产生的每个 β 射线产物发射的 β 粒子数为 3.6×10^{11}。

麦克利兰已表明，β 粒子对铅的撞击产生了很强的次级放射作用。所以数值 3.6×10^{11} 可能估算偏高，因为射入铅的 β 粒子会产生次级 β 粒子，所测得的应该是次级 β 粒子电荷与初级 β 粒子电荷的加和。如果每一个 α 粒子携带电荷为 β 粒子电荷的两倍，则 1 克镭中每个产物每秒发射的 β 粒子数目应该为 3.1×10^{11}。尽管很难从这样的比较中得出非常肯定的结论，但现有证据与以下观点具有一致性:在发射 α 射线和 β 射线的产物镭 C 中,每秒发射的 α 粒子和 β 粒子数目相同,而 α 粒子携带的电荷是 β 粒子携带电荷的两倍。

10.8 α 射线的热效应

1903 年,皮埃尔·居里和 M. A. 拉波尔德[130]发现一个惊人的现象,镭总是比周围介质温度高,且以每克每小时大约 100 克－卡路里的恒速辐射热量。问题马上产生了,是否该现象涉及一些新的科学原理或者这仅仅是由于镭被自身产生的 α 粒子轰击而导致的次级效应?

由于 α 粒子拥有巨大的动能和很容易被物质阻止,多数在镭内部产生的 α 粒子不会射出,而是被镭本身阻止,它们的动能就会转变成镭内部的热量。在测量镭的热效应过程中,镭被封闭于器壁足够厚的容器中以吸收所有从镭表面发射的 α 射线。因此,不必对从镭本身逃逸的 α 粒子做任何校正。因此,镭的热效应可能主要来源于镭产生的 α 粒子对镭本身的轰击。

卢瑟福和巴恩斯[131]进行了若干实验来寻找本问题的答案。他们首先用空气量热计这种简单形式测量了大约 30 毫克溴化镭的热效应,并发现该热量相当于每克每小时大约 100 克－卡路里。将镭加热至足够高的温度以清除所有的射气,将射气用液态空气凝结在小的玻璃管中并密封玻璃管。然后分别检测经过如此处理的镭热效应的变化以及射气管热效应的变化。在清除射气后镭的热效应快速降低,在大约 3 小时过程中降至其最大值的 27％,然后又缓慢增加,最后经过一个月的时间间隔达到原有值。

射气管的热效应变化正好相反,在大约 3 小时后增至最大,此时热效应等于镭热效应的 73％。然后逐渐按照指数规律降低,在大约 4 天后降至一半。镭的热效应恢复曲线和射气管热效应损失曲线如图 10.11 所示。在实验误差范围内,镭和射气热效应的加和等于放射性平衡时镭的热效应。鉴于 6％的射气没有被高温消除,可以看到仅有 23％的热效应是由于镭本身导致,而其他 77％为射气及其产物导致。

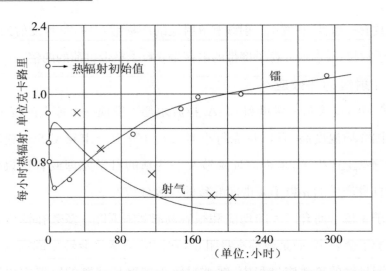

图 10.11　清除射气后镭热效应变化和射气及其产物热效应变化

热效应的衰减和恢复曲线在实验误差范围内等同于相应的 α 射线活度衰减和恢复曲线。这表明热效应是 α 粒子动能的衡量,因为在镭射气及其产物全部消除后,镭 α 射线活度大约为最大值的 25%,此时 β 和 γ 射线活度实际已经消失。为进一步检验这一点,他们测定了射气管总热效应在射气及其后续产物之间的分布。测得射气管的热效应之后,将管末端打破使射气彻底消除。10 分钟后,管的热效应降至 48%,然后稳步降至 0。热效应的递减曲线如图10.12 所示。10 分钟后的热效应按照活度衰减曲线递减。清除射气之后管的热效应是由残留镭 A、镭 B 和镭 C 组成的放射性淀质导致。由于 A 失去活度的半衰期为 3 分钟,因时间太短而不可能追踪其热效应的变化。15 分钟后的热效应必定完全是由镭 B 和镭 C 导致的。很难实验确定是否非射线产物镭 B 提供可观比例的热效应,但因为不发射 α 射线,所以镭 B 的热效应与镭 C 相比可能很小。

管中引入射气后的热效应增长曲线(如图 10.12 所示)与递减曲线互补。这样的关系是预料之中的。热效应按照每个 α 射线产物的周期进行递减表明,镭及其产物的热发射主要是因为发射 α 射线的结果。

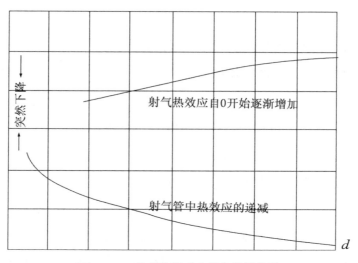

图 10.12　热效应递减曲线与增长曲线

　　从实验中推算出大约 23％ 的热效应由镭单独产生，而 32％ 归于镭 C，45％ 归于射气和镭 A 加在一起。由于镭 A 的快速衰变，它的热效应不容易从射气的热效应中推算出来。直接实验表明，即使完全被铅外壳吸收的情况下，β 射线或 γ 射线热效应也最多占镭总热辐射的 1％～2％。

　　我们现在讨论镭及其产物发射的 α 粒子的动能是否足够承担观察到的热效应。质量为运动速度为的 α 粒子的动能为 $1/2$。如果已知 α 粒子的相对速度，则可计算出每一个 α 射线产物发射的 α 粒子的相对动能。虽然不能直接测得每个产物的射线速度，却可以通过 α 粒子在空气中的射程推算得出。例如，当镭 C 的 α 粒子在空气中通过的距离等于镭本身 α 粒子与镭 C 的 α 粒子在空气中的射程差时，两粒子速度相等。该射程差为 3.5 厘米，相应于 6.7 层同等厚度的铝箔（本章 10.2，表 10－1 中所列数据）。取镭 C 的 α 粒子动能为 100，则得出射程为 4.8 厘米和 4.3 厘米的 α 粒子的动能分别为 74 和 69。对于镭本身发射的 α 射线射程为 3.5 厘米，每秒从每个产物发射相同数目的 α 粒子。取 α 粒子的动能作为热效应的相对衡量，可以从这些数值推算出，总热量的 19％ 由镭本身产生，48％ 由镭 A 和射气产生，33％ 由镭 C 产生。直接测量热效应所得相应数值分别为 23％、45％ 和 32％。理论和实验值比较一致。

现在,假设 α 粒子携带一个离子电荷 1.13×10^{-20} 电磁单位,实验发现 1 克镭产物中每个 α 射线产物每秒排出 6.2×10^{10} 个 α 粒子。镭 C 发射的 α 粒子动能为 1/2。代入已知值 e/m,则动能为 $4.5 \times 10^{-6} ergs$(尔格)。这样推算出的镭 C 动能值不依赖于 α 粒子是携带一个还是两个粒子电荷。1 克镭中由镭 C 每秒发射的 α 粒子动能则为 2.79×105。1 克镭中镭 C 每小时发射的 α 粒子热效应因而为 24 克—卡路里。实验观察值为 32 克—卡路里每小时。

由于准确测定每秒镭排出的 α 粒子数目有难度,所以可以认为上述实验值和计算值具有一致性,同时结果清晰地表明了镭的热辐射大部分是由镭自身 α 粒子对镭本身的轰击所致。小部分镭发射的热量可能归于剧烈发射 α 粒子之后原子重排释放的能量,但是该能量与 α 粒子本身的动能相比显得很小。

镭及其产物的热效应是镭产生的 α 粒子能量的衡量,这一结论也适用于其他发射 α 射线的放射性元素。因此;我们推测钍、铀和锕的热量辐射速率大约正比于它们各自的 α 射线活度。皮格勒姆就此推测对钍进行了考察,并发现钍热辐射速率观察值与根据钍活度与镭活度对比估算结果相当。发射 α 粒子的每种物质必定也发射热量,且热量发射速率正比于产物每秒产生的 α 粒子数和每个 α 粒子的平均动能。

有限量的镭射气产生的巨大热效应已在第三章(3.7)进行了讨论。快速衰变的物质如锕、钍射气、镭 A 必定开始以巨大速率发射热量。例如,半衰期为 3.9 秒的锕射气,以重量比算,发射热量的速率必定是镭射气的 80 万倍,因此锕热量发射的平均持续时间相比镭也更短。

我们已经知道镭产生小量的氦气。据 F. O. 吉赛尔、伦格和波的兰德尔观察,镭溶液产生相当量的氢气和氧气。W. 拉姆塞和 F. 索迪发现 50 毫克的溴化镭在溶液中每天释放大约 0.5 立方厘米的混合气体。该气体中大约

28.9％为氧气而其余则为氢气。因此与通过水分解获得的氢气量相比,混合气中氢气稍微过量存在,对此还没有令人满意的解释,可能是由于溴化镭氧化成镭溴酸盐所致。W. 拉姆塞表示与水混合的镭射气产生氢气和氧气,混合气体爆炸后未观察到剩余气泡。气体以常速释放,这必定是 α 射线作用于水分子使之分解的结果。1 克溴化镭在平衡时每天将产生大约 10 立方厘米的氢气和氧气。每天解离相应数量的水需要的能量大约为 20 克－卡路里,或者低于镭产生 α 离子总动能的 2%。

为每天电解产生 10 立方厘米的氢气和氧气,需要稳定电流 0.00067 安培。现在实验发现,1 克平衡状态时的溴化镭(均匀分布成薄层)在空气中产生的最大电离电流为 0.0013 安培,是产生观察到的氢气和氧气数量所需电流的两倍。

在 W. 拉姆塞和 F. 索迪的实验,一些射气留在溶液中并聚集在液面上的开放空间,气体产生速率可能低于射气都保留在溶液中的情况。此外,α 射线不仅分解水,而且反过来使氢气和氧气结合形成水。如果将这些因素考虑在内,则镭 α 射线在空气中产生的电离电流与产生观察到的氢气和氧气需要的电流数量级相当并不仅仅是一个巧合。

由此可见,α 粒子在通过气体过程中逐渐损失能量主要归因于气体电离吸收能量。一般而言,物质对射线的阻止能力,不管是固体、液体还是气体,均正比于该物质原子原子量的平方根,表明所有类型的物质均被经过的 α 射线电离。因此可以预计,水中 α 射线的完全吸收产生的总离子数大约等于空气中 α 射线完全吸收产生的总离子数。镭溶液中氢气和氧气的出现无疑主要是水分子被 α 离子电离的结果,同时说明电离作用主要存在于水分子的化学解离过程中。普遍认为组成简单的气体如氦气、氢气和氧气的电离作用是由于分子发射电子所致。也许如此,但是对于复杂的分子如水,α 射线的电离作用包括,或者至少导致水化学解离成氢气和氧气。该解离作用是不是 α 射线独有的性质,还是所有强电离剂都具有的性质,现在还不能给出定论,但是证明显然表明 α 射线对复杂物质的电离作用在特征上非常类似于溶液电离作用,部分包括物质的化学解离。

有相当多证据表明 α 粒子产生各种化学作用。例如,α 射线将氧气转变成臭氧、凝固球蛋白、使氰亚铂酸钡产生化学变化等。

10.9 α 射线性质总结

(1)镭发射的 α 粒子,很可能所有放射性物质发射的 α 粒子,由以高速发射的携带正电荷的原子组成。

(2)镭及其产物发射的 α 粒子都具有相同的质量,并且很可能是氦原子。

(3)每种镭产物都以特定的速度发射 α 粒子,这是该产物的特征性行为,不同产物发射 α 粒子的速度各不相同。

(4)从单一产物发射的 α 射线的电离作用、感光效应和磷光效应都会在 α 离子的速度降至一定临界速度之后突然消失。

(5)对于镭的连续衰变产物,它们发射 α 粒子的速度也顺次增大,镭 C 发射的粒子速度最大。最大速度大约为 2×10^{9} 厘米每秒。

(6)α 粒子的速度在通过物质时会减小。

(7)任何单一产物薄层发射的 α 射线为均一性的,即所有 α 粒子具有相同的发射速度。由于 α 粒子在经过物质时发生速度延滞,从具有一定厚度的单一放射性物质发射的射线情况比较复杂,即发射的 α 粒子速度是不相同的,而是在相当宽的范围内变动。

(8)从镭及其产物发射的 α 粒子的初始发射速度落在 $10^{9}\sim2\times10^{9}$ 厘米每秒之间。

(9)镭的热效应是其自身发射的 α 粒子对镭轰击产生的结果。

第十一章

放射性过程的物理视角

11.1　放射性与物质原子学说

　　前面几章我们主要讨论了放射体比较重要的性质，并且已经看到，用放射性物质都遇到着自发裂变这一理论基本可以圆满解释放射性相关的现象或实验结果。

　　在此我们尽可能具体地归纳一下放射性物质原子内部以及周围介质中可能发生的过程。由于目前我们知识的局限性，对原子本质的表述以及对原子内部发生的过程的表述一定程度上是推测性的和不完善的，尽管如此，它们仍为研究者们研究原子结构提供了工作假说。将假说模型原子的行为与考察物质的实际原子行为相比较，可以逐渐形成一个更加清晰和更加确切的原子构成的概念。

　　现代物理和化学的理论都建立在一个基本假设基础上，即物质为非连续性的，由若干独立的原子组成。基本假设认为，相同元素的原子具有相同的质量和相同的构成，而不同元素的原子则具有显著不同的物理和化学性质。有些人曾错误地认为，放射性现象的研究容易使人对原子学说产生怀疑。而事实上，放射性现象的研究为原子学说提供了有力证据，它使物质的原子结构学说更具有说服力。

　　任何曾亲眼见证过镭 α 射线在硫化锌屏上产生闪烁的人都会对这样一

种想法印象深刻:镭在不断发射小的粒子。该想法已通过直接测量的方法得到证实,我们知道闪烁是由 α 粒子导致的,而 α 粒子是拥有相同质量的极微小物体,它们以极高的速度从镭物质发射。每个 α 粒子的动能是非常之大的,在某些情况下,α 粒子撞击到屏幕上会伴随着肉眼可见的光闪烁。这些 α 粒子,正如我们已经知道的,不是镭的碎片而是氦原子。

在放射性研究一直强调物质的原子构成观的同时,它也表明原子中不是看不见的单位而是一个微粒子的复杂体系。对于放射性元素而言,它的一些原子会变得不稳定且能发生爆炸性裂变,同时在这个过程中排出一部分物质。这样的观点与其说与通常的化学理论相矛盾,倒不如说是对它的延伸。化学理论认为化学原子是普通化学变化中的最小物质结合单位。原子可以是最小的结合单位,同时是一个不能被我们可控制的任何物理或化学力量打破的复杂体系。

事实上,放射性衰变中的巨大能量发射清楚地表明了为何化学作用不能打破原子。因为将原子各部分结合在一起的力量是如此之巨大,要想用外力打破原子则需要巨大且集中的能量。

原子的复杂结构可从它的光谱上看出来。在高温或者放电激发下,原子具有一定的振动周期,这是每一个特定元素的特征。即使像氢这样的轻原子也具有延伸至远紫外区域的数目巨大的不同振动周期,这说明原子必定具有复杂的结构,该结构可使原子以各种不同的方式振动。氢原子的振动模式在所有条件下都是完全相同的,比如,太阳中的游离氢和地球上通过不同的化学过程制备所得的氢都具有相同的振动模式。

一些人利用元素光谱的不变特性来极力反对原子遭受裂变的观点。但是这种反对并没有很大分量,因为目前的原子裂变理论认为,无数原子作为整体其性质不存在逐渐的改变,而是所有这些原子中极微小的一部分发生突然的裂变,而余下的原子则仍保持不变。例如,只要镭中有任何镭原子保持不发生衰变,则镭原子本身的光谱就会保持不变。但是假设我们能够检测到与镭混合存在的产物的光谱,我们应该可以发现,镭在平衡状态时的光谱包括正常的镭光谱,同时每一个镭产物的光谱叠加在镭的光谱上。每一个产物会有既定的和特征性的光谱,不同产物的光谱不同,与母体元素的光谱没有显然的联系。

11.2　物质电子论的发展

迈克尔·法拉第发现的电解定律表明每一个氢原子携带不变的电荷,该电荷值可从原子质量数据中大致推算得出。氢原子总是携带着电荷,氢原子携带电荷为,而且一般而言,不同元素的离子在溶液中携带的电荷是氢原子携带电荷的整数倍。此便产生了氢原子携带的电荷是电流的最小单位的观念,它不能进一步再分。这个观念实际上等于是电流的原子理论。

各种原子构成理论被陆续提出,它们认为原子是由若干运动中的携带电荷的离子组成。在这些理论中最值得关注的典型理论是 J. 拉莫尔和 H. A. 洛伦兹提出的用来解释原子辐射机制的理论。J. J. 汤姆逊发现阴极射线是由飞行的粒子组成,而粒子的表观质量仅为氢原子的 1/1000,这个发现为上述理论赋予了更加确切的物理意义。J. J. 汤姆逊发现物质在各种条件下均可发射这种"微粒子"或者叫作"电子"。不仅可以通过真空管放电的方法获得这些电子,而且可从炽热碳丝和从暴露于远紫外光作用的锌板或其他金属板上获得。他还发现放射性物体自发发射这些电子,其发射速度在许多情况下远大于在真空管中获得的电子的速度。

同时 P. 勒塞曼发现的磁场对光振动周期的影响说明,振动体系由带负电荷的粒子组成,粒子的质量大约等于从真空管中发射的电子的质量。这预示着电子是所有物质的构成部分,并且在某些条件下可以从物质中逃逸。

电子由质量为氢原子千分之一的实质粒子组成,携带着与水电解释放的氢原子相同的电荷,人们开始时认为这是最简单不过的假说。很早以前就有理论表示,运动的电荷由于运动而拥有电磁质量。该理论说明电磁质量对于慢速运动的粒子应该为常数,但是当粒子速度接近光速时该电磁质量应该快速增大。要检验该理论的真伪,就有必要测定以接近光速运动的电子的荷质比 e/m 值。

镭已证明可作为这项实验的一个理想电子源,镭在很宽的速度范围内发射 α 粒子,其中一些粒子的速度几乎等于光速。我们已经知道,W. 考夫曼测得了镭发射的电子的速度和荷质比 e/m 值并肯定地表示,电子的表观质量随速度的增加而增加。通过将理论值与实验值相比较发现,电子的质量纯粹源于电的因素,没有必要认为电荷分布在整个的实质性核上。因此我们得出一个重要结论,阴极流粒子和镭的 β 粒子不是普通意义上的物质,而是离体电荷,运动使它们具有普通物质的质量。前面已经指出(第一章 1.1)普通物质质量本身可以解释为纯粹运动中的电荷。为估算观察到的具有不同运动速度的电磁质量的数量级,我们有必要做一个假设,即电荷集中分布在某个小的表面区域或者某个小的体积内。

其中最简单的假设就是电荷分布在球形表面,并假设球形半径大约为 10^{-13} 厘米。考虑各种情况后可以计算出原子半径大约为 10^{-8} 厘米,或者更确切地说,原子力作用的范围从原子中心向外延伸至该距离。我们由此可以看出,如果将原子放大,用半径为 100 米的球来代表,电子的半径将为 1 毫米。因此,如果我们假设氢原子含有 1000 个可在原子范围内自由运动的电子,由于电子分布非常稀松,所以只会占据部分而不是填充原子内部全部空间,而且仅偶尔会干扰彼此的独立运动。

多数环绕磁场或电场周围运动的电子都接近磁场或电场表面。磁场力或电场力的大小和电子与磁场或电场之间距离的平方成反比,当该距离为几个球形电荷半径大小时磁场力或电场力已经变得相对很小。电子运动产生的力因此大部分情况限制在半径约为 10^{-12} 厘米的球形范围内。任何一个电子的运动速度或方向不会由于另一个电子的存在而受到明显干扰,除非另一个电子靠近至能够产生干扰的限定距离之内。

实验发现,X 射线导致气体产生的离子或者放射性物体发射的射线导致气体产生的离子携带正或负电荷,电荷大小为 3.4×10^{-10} 静电单位。所有气体中的离子携带的电荷都相同,不像电解情况那样会随原子价发生变化。实验已表明气体中离子携带的电荷等于水电解释放的氢原子携带的电荷。

尽管未曾直接测得电子携带的电荷,但有根据认为该电荷值等于气体中负离子携带的电荷。电子电荷被认为是参与电流传递的最小电量单位,不管电流传递是在固态、液态还是气态中发生。正离子和电子之间具有显著的区别。运动中的电子具有的表观质量为氢原子的千分之一,而从来未发现相应的正电荷质量低于氢原子质量。这促使我们认为只存在一种电,即负电,它与电子相关,正带电体或正离子是从正常电子组成中剥夺一个或多个电子后的产物。

11. 3　电子辐射

运动的电子产生磁场,其中电子速度低于光速且任何点的磁场强度正比于电子的速度。该磁场随电子运动,磁场能储存在周围介质中。磁场能的大小正比于电子速度的平方,因而可用形式来表示。

直线匀速运动的电子不会辐射能量,但是运动的变化会伴随以电磁辐射的形式耗散能量,电磁辐射以光速从电子发出。辐射能耗散速率正比于电子加速度的平方,因此,如果电子突然启动或者停止该耗散速率值会很大。例如,真空管中产生的 X 射线由强电磁波组成,而该电磁波是当阴极射线撞击阳极时发生阴极射线的突然制动而产生的。

限定于圆形运动轨道的电子为强大的能量辐射体,因为电子的运动总是向着中心方向加速。加速电子造成能量损失一直是稳定原子构成推算过程中所遇到的最大难题。对于原子是由若干携带正电荷和负电荷的运动粒子组成且正负电荷通过彼此之间的吸引力或排斥力保持平衡的猜想,J. 拉莫尔[132]表示,辐射不损失能量的条件是所有带电粒子加速度的向量之和恒为零。如果不能满足这个条件,则总会从原子内部发生电磁辐射形式的能量外泄,除非该能量外泄可通过某种方式被从外界吸收的能量抵消,而原子必定最终变为不稳定原子并裂变为新的原子体系。

因此,保持原子的永恒性必须满足两个基本条件:构成原子的正负粒子必须采取某种排列方式,这种排列方式使得原子中粒子在彼此之间的吸引力和排斥力作用下形成稳定的聚集;同时粒子的排列方式和运动方式不能使原子产生能量辐射。

有根据认为许多元素原子永久稳定,或者说在几百万、几千万年时间间隔内保持稳定。所以这些元素原子的构成必定满足上述两个基本条件,否则它们在很久以前就已经消失并已经裂变为更加稳定的原子体系。因此毫不奇怪,一些原子自发裂变而一些原子排布似乎非常稳定。因此在许多情况下,原子裂变是能够从现代原子构成理论中得出的必然结论。

11.4 原子构成表述

近代物理科学领域的发展对原子构成的研究产生了巨大的推动力,也曾尝试形成一个机械性或者更准确说电学的原子表述,该原子应该尽可能模拟实际原子的行为。

物质的电子理论认为氢原子由大约 1000 个电子组成,这些电子通过内部原子力保持平衡状态。由于原子相对于外部物体呈电中性,所以可假设电子携带的负电荷被存于原子内部的等量正电荷补偿。电子是原子中运动的部分,而正电荷则或多或少保持在固定的位置。

最早的原子模型表述是由开尔文勋爵[133]提出的。他指出,若干电子或者携带负电荷的粒子在均匀的正带电球内部排布。在整个球体均匀分布的正电荷数量等于相应的运动电子携带的负电荷数量。这种排布非常巧妙,因为它不仅满足了原子呈电中性的条件,而且提供了必要的内部原子力以使电子保持平衡。

若原子内部没有这样的限制性力量(电子与正带电球体之间的吸引力),则很显然,电子会彼此排斥从而逃出原子。开尔文勋爵表示,某些电子在整个球体的排布处于稳定的平衡态,而其他的电子则处于不稳定状态,一个微小的干扰便可以导致电子从原子逃逸或者跌落至更加稳定的结构。开尔文最近设计了构成不稳定原子的正负粒子的特定排布,这些排布使得原子处于不稳定状态,必定会导致高速发射正电粒子或负电粒子,从而模拟了放射性原子排出 α 粒子和 β 粒子的行为。

J. J. 汤姆森[134]进一步发展了开尔文所提出的原子概念。若干电子以一定的角度和间隔排布在一个环上,电子在正电球体内部匀速转动。该结构一个非常惊人的特性引起了他的注意。我们已经知道,在圆形轨道运动的单个电子会辐射能量,辐射能在电子沿原子圆形轨道范围内运动时变得非常巨大。但是当若干电子在圆形轨道中一个紧挨一个,则每公转一次电子辐射的动能随着环上电子数目的增加而迅速减少。

例如,一组以十分之一光速运动的六个电子辐射的能量是单个电子辐射能量的百万分之一。运动速度为百分之一光速的这组电子,它们辐射的能量仅是以相同速度相同轨道运动的单个电子的 10^{-16}。

这些结果表明,一个由若干转动的电子组成的原子可以极其缓慢地辐射能量,但是这种缓慢持续从原子向外辐射能量最终会导致电子速度的降低。当电子速度降至一定临界值时,原子变得不再稳定,而是发生裂变并排出原子构成的一部分,或者形成新的电子排布。

J. J. 汤姆森认为,造成放射性物质原子裂变的原因必定归于原子辐射导致的能量损失。他从数学的角度对给定数量的电子在均匀分布的正带电球体内部可能存在的暂时性稳定排布进行了研究。他模拟的原子排布具有重要意义,它间接为化学元素的周期性排布规律提供了一个可能的解释。当电子在同一个平面旋转时,它们趋向于呈若干同心圆的自我排布方式,一般而言,如果电子可以在任何平面自由运动,则这些同心壳就像是一层层的洋葱皮。

J. J. 汤姆逊的电子排布模型不仅可以模拟元素原子的行为,也为价键提供了一种可能的解释。例如,一些电子结构可以失去一个电子或多个电子而仍能保持稳定,其他一些电子结构能够获得一个电子或者两个电子而不会改变电子的主要排布特点。这些随时可失去电子的原子对应于电正性元素,反之亦然。

用电学模型模拟原子结构的尝试虽然注定具有人为性,但是它预示着解决物理学家所面临的最大难题的一般性方法,因此有着巨大的价值。随着对原子性质有关知识更加准确地了解,我们有望找出能够满足实验条件要求的原子结构。这方面已经有了好的开始,并有希望在阐明神秘的原子结构方面有进一步的进展。

从目前的理论我们已经看到,在原子结构中正电与负电扮演着非常不同的角色。为了将电子保留在一起,并使原子呈电中性,需要正电荷在原子内呈固定的均匀分布。目前可以这样说,运动的电子构成了原子结构的基石,而正电荷作为必要的水泥砂浆将这些基石结合起来。这虽说是主观臆测的排布,但是目前无论如何都无法逃避正电和负电之间行为存在差异这一根本难题。

11.5 导致原子裂变的因素

我们现在来讨论导致放射性元素的原子发生裂变的原因。任何单独产物裂变速率遵循的规律都非常简单。每秒发生裂变的原子数目与当前存在的原子数目之比为常数。该比值对于不同的产物有着巨大的不同,目前还未发现任何外部力量可以改变产物的裂变速率。不同的温度在改变化学反应中起着重要作用,但是对放射体的衰变速率无任何影响。例如,镭的热辐射是 α 粒子动能的衡量,浸入液态氢后镭的热辐射并未发生改变,即升高温度或者增强化学作用均不会对它产生影响。

可见,放射性元素原子自发经历裂变,或者说该裂变是由不可控力引起的。我们已经提到放射性物质的原子可以作为能量的变换器,以某种方式从周围介质中进行能量转移。这种理论是专门为解释镭热辐射而提出的,并未考虑其他放射性过程的本质。有确定证据表明,镭的热效应为放射性原子衰变的必然结果,是由排出的 α 粒子动能导致的次级作用。

　　该理论并没有考虑放射活动总是伴随出现新类型的放射性物质这一事实。从其他数据得知,放射性物质必定发生了化学变化,而且是原子本身发生了变化而不是在分子层面的变化。

　　导致原子发生裂变的原因目前只是一个猜想。还不能肯定裂变是否可归因于外部因素,还是因归因于原子本身的一种内在性质。例如,假想一些未知外部力量可以提供必要的干扰致使原子发生裂变。在这种情况下,外部力量充当引爆剂促成原子的爆炸。爆炸释放的能量主要源自原子本身而不是引爆剂。放射性物质的衰变规律没有为原子裂变动力来源问题提供线索,因为现有无论哪个假说预计都可以得出这样的衰变规律。

　　但最有可能的结果是,原子裂变的主要原因存在于原子本身,存在于以电磁辐射形式的原子能量的损失。我们已经知道,除非满足一定的条件,由负电和正电粒子组成的原子总会通过辐射失去能量并最终导致裂变。

　　例如 J. J. 汤姆逊设计的原子模型,模型中原子能量辐射虽然极其缓慢,但是最终必定由于原子能量的损失而变得不稳定,从而发生裂变或者形成一个新的排布体系。对于初级(或原始)放射性元素比如铀和钍,其原子相对稳定且平均寿命为千百万年。接下来我们想问的问题是这种能量辐射是否连续出现在所有原子中,还是只涉及极微小的一部分原子。如果是第一种情况,则所有同一时间形成的原子应该具有特定时间长度的寿命。然而这似乎与观察到的衰变规律相矛盾,在衰变规律中原子的理论寿命范围可以从零到无穷任意选择。由此我们可以得出,所有原子中一次仅有很小的一部分原子结构出现能量辐射,该结构可能纯粹由概率控制。

　　铀、钍、镭和锕产物衰变中有一个共同特点可能在这一点上具有重要启示意义。β 射线仅在这些元素最后系列的快速衰变中出现,且发射速度巨大。发射 β 粒子后所得产物,或者具有近乎永久的稳定性,或者远比其母体产物稳定。所以发射高速 β 粒子仅出现在每个元素的最终衰变阶段应该不是巧合。可能最终发射的 β 粒子充当了促使之前衰变过程的活化剂，一旦干扰因素排除，所得原子便跌落至更加稳定的平衡态结构。

例如，组成原子的其中一个电子可以在原子体系中占据某个位置，该位置导致能量辐射。结果原子发生裂变且同时发射一个 α 粒子，这个过程持续进行至后续阶段，直至最终原子发生剧烈爆炸，导致以巨大速度排出该干扰性电子。

11.6　镭中发生的过程

我们考虑百万分之一毫克这样极微量的镭处于放射性平衡时的情况。这些微量镭含有原子量为 225 的镭原子总数为 3.6×10^{12}。由于 1 克镭每秒从镭自身发射 $6.2 \div \times 10^{10}$ 个 α 粒子，百万分之一毫克的镭每秒裂变的原子数为 62。平均而言，连续衰变产物中每个产物排出相等数量的 α 粒子，这三个连续衰变产物为镭射气、镭 A 和镭 C。

这些镭的衰变产物中每个产物的原子数目会有很大不同。对应于 6×10^{12} 个镭原子，将会有大约 3×10^7 个射气原子，1.6×110^4 个镭 A 原子，1.5×10^5 个镭 B 原子，和 1.15×10^5 个镭 C 原子。由此可见，镭原子数目远远超过了它的衰变产物的原子数目。

假如我们将镭粒子放大以便区分出单独的镭原子，我们应该能够看到大量的镭原子，与之混合的是小数目的产物原子；但是如果只关注单独产物的原子数目，我们会发现每个产物每秒发射相同数目的 α 粒子。每个产物原子数目平均保持不变，因为新原子数补偿了裂变的原子数。

物质的电子理论认为，一个原子是由一群快速运动的电子组成的，而电子被原子内部的力量控制在平衡状态。对于重原子，比如放射性元素的原子，不必假设每一个电子具有完全的运动自由度。原子的衰变特征表明，原子中有一部分是由若干次级单位构成的，包括处于平衡的电子组或电子聚集体，这些电子在原子内部快速独立运动。

例如,很可能α粒子或者氦原子在镭原子内部实际以独立的物质单位形式存在,并在镭原子发生裂变时被释放出来。这些α粒子处于快速运动中,当达到不稳定状态时,一个电子以原有速度从运动轨道射出原子。如果确实如此,则平均而言α粒子在原子内部拥有的速度必定大于光速的130。

　　但是也有可能电子从原子射出过程中它的部分动能被原子获得,因为从各个方面考虑可得出,原子应该为高强度电场力中心。以镭为例,在发射α粒子之前的瞬间,原子必定处于剧烈扰动状态。结果,将其中一个α粒子限制于原子内部的电场力暂时被该扰动所中和,从而α粒子以巨大速度从原子中逃逸。

　　此时原子内部仍有足够强的力量阻止原子的其他部分发生逃逸,原子构成进行快速调整以形成新的暂时稳定的体系。可能在α粒子逃逸后的短时间内,原子处于一种剧烈扰动状态,但是最终又暂时降至稳定体系。剩余原子质量小于α粒子逃逸前的母体或前体原子,它内部各部分的排布完全不同于母体原子。新原子事实上变成为射气原子,具有与母体原子完全不同的化学性质和物理性质。

　　镭射气原子不如镭原子稳定,因为它们的平均生命周期仅为 6 天。射气原子与母体原子一样也发生裂变,发射另一个α粒子并产生镭 A 原子,镭 A 原子的性质与射气和镭的原子又有很大的不同。物质镭 A 非常不稳定,因为镭 A 原子的平均生命周期仅为 4 分钟。它在失去另一个α粒子后产生镭 B。镭 B 原子衰变特征明显与其他产物不同。镭 B 衰变也许会或者也许不会发射α粒子,即使发射α粒子,粒子的运动速度也是非常之小,以至不能使气体产生可见的电离。镭 B 原子衰变后变成镭 C。镭 C 的极其不稳定性导致了高强度爆炸。镭 C 发射α粒子的速度大于从任何其他产物发射该粒子的速度,而同时以近乎光速发射一个β粒子。在发生如此剧烈的爆炸后所得的原子降级成为稳定性远大于镭 C 的体系,但是正如我们已经知道的,该体系也会最终衰变成为下一个阶段的产物。最最终,在从镭 F 排出一个α

粒子后,所得新原子很可能等同于铅原子。

以上这些讨论说明,镭是一个超级冲突力中心。例如在 1 克镭中,每个 α 射线产物大约每秒发射 $6×10^{10}$ 个 α 粒子,而此外还有等数量的高速电子从镭 B 和镭 C 发射。由于 α 粒子仅能够通过厚度较小的物质,而多数 α 粒子的逃逸都会被镭本身阻止,因此,这个阻止作用将镭自身暴露于 α 粒子的高强度轰击中。

我们暂时重点关注一下镭原子发射 α 粒子的瞬间。如果等动量原理成立,α 粒子的发射必定造成被逃逸原子的反冲击。由于 α 粒子具有的质量大约为镭原子的 150,且发射速度接近 $2×10^9$ 厘米每秒,镭原子必定以 $4×10^7$ 厘米每秒的初始速度反冲,或者大约为每秒 200 英里。该速度会由于运动的原子与路径上的原子的碰撞而快速降低,而且在穿过很短的距离后运动很可能几乎被停止。镭原子的动能因此会转变为热。α 粒子开始速度巨大,在其运动路径上必定会强行进入镭原子,在该过程中从镭原子敲掉一群电子。它的能量在产生离子过程中逐渐用尽,速度因此削减。最终 α 粒子失去电离能力,并归于静止。α 粒子电荷被中和,然后成为氦原子,机械性地被禁锢于镭物质中。镭中产生离子消耗的能量最终转化成热的形式,并在离子重新结合过程中释放出这部分热量。

我们再把注意力转向空气或者镭周围的其他气体发生的过程。假设 α 粒子从镭物质表面发射逃逸至空气中,且不存在镭中穿越时的速度损失,每个产物发射的 α 粒子具有其特征性速度。设想我们可以跟踪观察 α 粒子通过气体的飞行情况。α 粒子初始速度相比气体分子的运动速度非常之大,因此,在 α 粒子飞行过程中气体分子看上去是处于静止中的。由于 α 粒子飞行速度如此之快致使气体分子来不及从 α 的抛射路径上逃离,α 粒子巨大的速度和能量使它能够冲入其运动路径上的分子之中。α 粒子穿过分子时产生的电干扰可以导致气体原子内部排出电子,而且在很多情况下,会导致复杂分子分裂为相应的带电原子。

α粒子穿过分子导致两个或多个离子的产生。该过程一直持续到粒子通过 3.5 厘米的空气（正常条件下），并产生大约 10 万个离子，之后它的电离能力消失。α粒子在电离作用生涯最终消失之时发生了什么还未可知。实验表明，一些 α 粒子在电离能力变得很小后仍然以高速运动。由于最初 α 粒子速度的迅速降低主要由于电离气体消耗能量所致，所以很可能 α 粒子在失去大部分电离能力后会在空气中穿越一定距离直到因为与气体分子的不停碰撞而静止。我们不能检测这样的 α 粒子的存在，因为它们已失去所有我们赖以检测的性质。

有相当多的证据表明，在产生离子对的过程中，从 α 粒子吸收的能量远大于仅将正负离子分开所需要的能量。这表明在电离作用过程中，离子获得了相当大的速度，使离子产生运动消耗的能量大于单纯将离子从彼此影响的邻近离子范围分开所需要的能量。

尽管 β 粒子从镭逃逸的平均速度为 α 粒子的 10 倍，它也远远不能作为比 α 粒子更有效的电离剂。每厘米路径上 β 粒子仅产生小量的离子，但在电离作用停止前，其在空气中通过的距离为 α 粒子通过距离的 100 倍。

我们目前还未讨论 γ 射线与放射性衰变之间的联系。这些射线总是伴随 β 射线出现并确信这些射线为电磁波，是突然发射 β 粒子而引起的。该电磁波为高度电场力和强磁场力的中心并且从原子穿越而出，像是具有光速的球形波。这样的波与 α 粒子相比是效率比较差的电离剂，平均而言，在 1 厘米的路径上产生仅仅 1 个离子，而 α 粒子则产生 1 万个离子。另一方面，γ 射线的穿透力非常强大，它甚至在空气中穿越很长的距离后仍能持续产生离子。

穿越空气后射线的能量最终消耗并转化成热。离子的初始动能会由于与气体分子的碰撞而快速丢失，而离子最终重新结合的同时释放能量。

除了已经讨论的电离作用，当射线撞击至物质上时还会产生非常显著的次级作用。撞击物质的 α 粒子使物质释放一群电子。但是这些电子发射速度很低。另一方面，β 射线和 γ 射线引起电子以光速释放。这些次级放射作用在射线粒子撞击重金属比如铅时表现最显著，当然在射线通过空气过程中无疑也产生次级作用，只是强度要小得多。

由于 α 粒子动能巨大，可以预计这会使物质的原子在它的运动路径上发生振动，从而导致光波的发射。α 射线这种激发发光的性质首先是由威廉姆男爵和哈金斯夫人[135]观察到的，他们发现微弱的镭磷光显示了氮（实际为氦）光谱带。这被追踪至 α 射线，可以在靠近镭的氮气（实际为氦中）中，抑或者在封闭于镭化合物内的氮（实际为氦）气中。这个结果十分有趣，它是首个气体在低温无强放电刺激下产生光谱的例子。

沃尔特和波尔[136]最近发现，被放射碲的射线穿越的气体能够辐射使感光板感光的光波。这个感光作用对于纯的氮（实际为氦）气强度是最大的。与实验的其他气体相比，氮（实际为氦）原子似乎更容易被激发出特征性振动。所以很奇怪现在仍未获得证据表明 α 粒子本身才能产生光谱。α 粒子与它的运动路径上的分子发生剧烈碰撞，这必定使 α 粒子产生振动并形成特征光谱。有关实验实施起来非常困难但非常重要，因为这样的实验可以为 α 粒子的本质提供线索。F. O. 吉赛尔发现新制备的"emanium"发射由亮线组成的磷光。据观察这些亮线是由钕镨混合物造成的，该混合物作为杂质存在于放射性物质中。

毫无疑问，放射性物体发射的射线粒子可作为非常强大的电离剂应用于物质的电离和解离。目前为止，未获得确切证据表明从镭发射的 α 粒子或 β 粒子能够加速镭的衰变。或许可以预计，像这种能量高度集中的高速粒子源在某些条件下会在它们通过物质时致使物质原子发生裂变。例如，一块易于遭受自身 α 粒子和 β 粒子强烈轰击的质量集中的镭预计裂变速度会比质量相同却大体积分散的镭要快。沿着这个思路进行实验或许可以说明这样的作用确实存在，不过当然也不会十分显著。对于 X 射线是否能够造成物质裂变这一问题，巴姆斯特德[137]进行了直接研究。将一束强的 X 射线照射在锌板和铅板上，两板的厚度可以吸收等量的部分入射能。实验中铅板升至比锌板更高的温度，这表明尽管两板吸收了相同量的入射能，但铅板比锌板释放了更多的能量从而导致有更高的温度。所以，X射线造成的铅原子裂变数目大于锌原子裂变数目，铅板产生的热量有相当部分是由于铅原子衰变释放的能量。

需要用各种金属和不同强度的电离辐射源进一步实验才能完全证实这样一个影响深远的结论。在这个充满困难的研究领域，目前为止所得到的结果自然使我们希望也许可以通过实验的方法实现原子的裂变。

以前曾提到过有有力证据表明，普通物质也拥有发射特征辐射的性质，而且该类辐射也可以使气体产生电离，即普通物质拥有与放射性物体相类似的转变，只是普通物质的这种转变极其缓慢。所有类型物质发射的 α 粒子都未必具有相同的质量。例如，有些物体可以排出氢而不是氦。实验观察表明，α 粒子在速度降至大约 8×10^8 厘米每秒时会失去它对感光板的感光作用和对气体的电离能力。毫无疑问，如果 α 粒子从物质排出的速度低于该数值，则它们几乎不会产生电效应。当然需要说明的重要一点是，平均而言，从放射性物体发射的 α 粒子速度不到该最低值的两倍。无论如何不可能单纯认为放射性物体与普通物质的不同主要在于放射性物体能够发射临界速度以上 α 粒子的能力。普通物质产生极微弱的电离作用，它们发射 α 粒子的速率或许类似于铀，但是，如果普通物质发射能力低于该临界值，则很难检测到它们的存在。

上述讨论说明，物质的转变未必应该总是伴随像真正的放射性物质所表现的强烈的电学作用和其他作用。物质可以进行缓慢的类似于镭的特征性原子转变，而我们很难用现有的方法对其进行检测。

参考文献

1. J. J. Thomson: Electricity and MaTTer (Scribner, New York, 1904).

2. J. J. Thomson and Rutherford: Phil. Mag NoV 1896.

3. C. T. R. Wilson: Phil. TranS. ,p265,1897;p403,1899;p289,1900.

4. Townsend: Phil. Trans. A, p129, 1899.

5. J. J. Thomson: Phil. Mag. , Dec. , 1898; March, 1903.

6. Becuerel: Comptes rendus, cxxii, PP420, 501, 559, 689, 762, 1086 (1896).

7. Rutherford: Phil. Mag, Jan, 1899.

8. Mme. Curie: Comptes rendus, cxxVi, p1101 (1898).

9. Schmidt: Annal. d. Phys. lxV, p141 (1898).

10. Mme. Curie: Comptes rendus, cxxVii, p175 (1898).

11. M. and Mme. Curie and G. Bemont:Comptes rendus, cxxVii, p1215 (1898).

12. Marckwald: Ber. d. d. chem. Ges, No. 1, p88, 1904.

13. Giesel: Ber. d. d. chem. Ges, p3608, 1902; p342, 1903.

14. Debierne: Comptes rendus, cxxix, p593 (1899); cxxx, p206 (1900).

15. Hofmann and Strauss: Ber. d. d. chem. Ges, p3035, 1901.

核科学基本原理

16. Marckwald: Ibid, p2662, 1903.

17. Giesel: Annal. d. Phys, lxix, p834 (1899).

18. Becquerel: Comptes rendus, cxxx, p809 (1900).

19. Kaufmann: Physik. Zeit, iV, No. 1 b, p54 (1902).

20. Villard: Comptes rendus, cxxx, PP1010, 1178 (1900).

21. Rutherford: Phil. Mag, Feb, 1903; Physik. Zeit, iV, p235 (1902).

22. Crookes: Proc. Roy. Soc, lxxxi, p405 (1903).

23. Elster and Geitel: Physik. Zeit, No. 15, p437, 1903.

24. Rutherford: Phil. Mag, Jan. and Feb. , 1900.

25. M. and Mme. Curie: Comptes rendus, cxxix, p714 (1899).

26. Rutherford: Phil. Mag, Jan. and Feb, 1900.

27. P. Curie and LABorde: Comptes rendus, cxxxVi, p673 (1903).

28. Rutherford and Soddy: Phil. Mag, Sept. and NoV, 1902; Trans. Chem. Soc, lxxxi, PP321 and 837 (1902).

29. Ramsay and Soddy: Proc. Roy. Soc, lxxii, p204 (1903); lxxiii, p341 (1904).

30. Elster and Geitel: Physik. Zeit, ii, p590 (1901).

31. Dolezalek: Instrumentenkunde, p345, 1901.

32. Bronson: Amer. Journ. Science, July, 1905; Phil. Mag, Jan, 1906.

33. Rutherford and Soddy: Phil. Mag, Sept, 1902.

34. Rutherford: Phil. Mag, Jan. and Feb, 1900.

35. Pegram: Phys. ReV, Dec, 1903.

36. Von Lerch: Annal. d. Phys, NoV, 1903; Akad. Wiss. Wien, March, 1905.

37. Miss Slater: Phil Mag, May, 1905.

38. Miss Gates: Phys. ReV, p300, 1903.

39. Rutherford and Soddy: Phil. Mag, Sept. and NoV, 1902.

40. Schlundt and R. B. Moore: Journ. Phys. Chem, NoV, 1905.

41. Von Lerch: Wien. Ber, March, 1905.

42. Hahn: ProC. Roy. Soc, March 16, 1905; JahrbucH. D. Radioak-tiVit? t, II, Heft 3. 1905.

43. Rutherford: Phil. Mag, Jan. and Feb, 1900.

44. Dorn: Naturforsch. Ges. Für Halle a. S, 1900.

45. Rutherford and Soddy: Phil. Mag, April, 1903.

46. P. Curie: Comptes rendus, cxxxV, p857 (1902).

47. Bumstead and Wheeler: Amer. Jour. Science, Feb, 1904.

48. Sackur: Ber. d. d. chem. Ges, xxxViii, No. 7, p1754 (1905).

49. Godlewski: Phil. Mag, July, 1905.

50. Rutherford and Soddy: Phil. Mag, 1903.

51. Rutherford and Miss Brooks: Trans. Roy. Soc. Canada, 1901; Chemical News, 1902.

52. Bumstead and Wheeler: Amer. Journ. Sci, Feb, 1904.

53. Makower: Phil. Mag, Jan, 1905.

54. Curie and Danne: Comptes rendus, cxxxVi, p1314 (1904).

55. Rutherford and Soddy: Phil. Mag, NoV, 1902.

56. Ramsay and Soddy: Proc. Roy. Soc, lxxii, p204 (1903).

57. Rutherford: Nature, Aug. 20, 1903; Phil. Mag, Aug, 1905.

58. Ramsay and Soddy: Proc. Roy. Soc, lxxiii, p346 (1904).

59. M. and Mme. Curie: Comptes rendus, cxxix, p714 (1899).

60. Curie and Danne: Comptes rendus, cxxxVi, p362 (1903).

61. Rutherford：Bakerian Lecture, Phil. Trans. A, p169, 1904.

62. Miss Brooks：Nature, July 21, 1904.

63. Physik. Zeit,6, No. 25, p897, 1905.

64. Miss Gates：Phys. ReV,p300, 1903.

65. Curie and Danne：Comptes rendus, cxxxViii, p748, 1904.

66. Bronson：Amer. Journ. Sci,July, 1905.

67. J. J. Thomson：Proc. Camb. Phil. Soc,NoV. 14, 1904.

68. Rutherford：Phil. Mag,Aug,1905.

69. Miss Slater：Phil. Mag,Oct,1905.

70. Rutherford：Phil. Mag,NoV,1904.

71. EVe：Nature, March 16, 1905.

72. Mme. Curie：Comptes rendus, Jan. 29, 1906.

73. Hofmann, Gonders,and W lfl：Ann. D. Phys,V, p615 (1904).

74. Meyer and Schweidler：Wien Ber,July, 1905.

75. Rutherford：Phil. Mag,Aug,1905.

76. Boltwood：Nature, May 25, 1904; Phil. Mag,April, 1905.

77. StruTT：Trans. Roy. Soc. A,1905.

78. McCoy：Ber. d. d. chem. Ge,No. 11, p2641, 1904.

79. Soddy：Nature, May 12, 1904, Jan. 19, 1905; Phil. Mag, June, 1905.

80. Crookes：Proc. Roy. Soc,lxVi, p409 (1900).

81. Becquerel：Comptes rendus, cxxxi, p137 (1900); cxxxiii, p977 (1901).

82. Meyer and Schweidler：Wien Ber,cxiii, July, 1904.

83. Godlewski：Phil. Mag,July, 1905.

84. Godlewski: Phil. Mag, Sept, 1905.

85. Miss Brooks: Phil. Mag, Sept, 1904.

86. Godlewksi: Phil. Mag, July, 1905.

87. Giesel: Jahrbuch. d. RadioaktiVitat, i, p358 (1904).

88. Hahn: Nature, April 12, 1906.

89. Hillebrande, Bull. U. S. Geolog. SurVey, No. 78, p43 (1891).

90. Ramsay, Proc. Roy. Soc, p65 (1895).

91. Lockyer, Proc. Roy. Soc, lViii, p67 (1895).

92. Rutherford and Soddy: Phil. Mag, p582, 1902, PP453 and 579, 1903.

93. Ramsay and Soddy: Nature, july 16, p246, 1903. ProC. Roy. Soc, lxxii, p204 (1903); lxxiii, p346 (1904).

94. Curie and Dewar: Comptes rendus, cxxxViii, p190 (1904).

95. Debierne: Comptes rendus, cxli, p383 (1905).

96. Boltwood: Phil. Mag, April, 1905; Amer. Journ. Science, Oct, 1905.

97. Geitel: Physik. Zeit, ii, p116 (1900).

98. Wilson: ProC. Camb. Phil. SoC. : xi, p32 (1900); ProC. Roy. Soc, lxViii, p151 (1901).

99. Elster and Geitel: Physik. Zeit, p76 (1901).

100. Rutherford and Allan: Phil. Mag, Dec, 1902.

101. Bumstead and Wheeler: Amer. Journ. Science, Feb, 1904.

102. Bumstead: Amer. Journ. Sci, July, 1904.

103. Dadourian: Amer. Journ. Sci, Jan, 1905.

104. Wilson: ProC. Camb. Phil. Soc, xi, p428 (1902); xii, p17 (1903).

核科学基本原理

105. Elster and Geitel: Physik. Zeit, iii, p574 (1902).

106. Ebert and Ewers: Physik. Zeit, iV, p162 (1902).

107. Blanc: Phil. Mag, Jan, 1905.

108. A. S. EVe: Phil. Mag, July, 1905.

109. McLennan: Phys. ReV, No. 4, 1903.

110. Cooke: Phil. Mag, Oct, 1903.

111. Ebert: Physik. Zeit, ii, p662 (1901); Zeitschr. f. Luftschiff —
fahrt, iV, Oct, 1902.

112. Schuster: Proc. Manchester Phil. Soc, p488, No. 12, 1904.

113. LangeVin: Comptes rendus, cxl, p232 (1905).

114. Simpson: Trans. Roy. Soc. Lond. A, p61, 1905.

115. Campbell: Phil. Mag, April, 1905; Feb, 1906.

116. Rutherford: Physik. Zeit, iV, p235 (1902); Phil. Mag, Feb, 1903.

117. Becauerel: Comptes cxxxVi, PP199, 431 (1903).

118. Des Coudres: Physik. Zeit, iV, p483 (1903).

119. Mackenzie: Phil. Mag, NoV, 1905.

120. Rutherford: Phil. Mag, July, 1905; Jan. and April, 1906.

121. Rutherford: Phys. ReView, Feb, 1906.

122. Bragg: Phil. Mag, Dec, 1904.

123. Mackenzie: Phil. Mag, NoV, 1905.

124. Rutherford: Phil. Mag, Jan, 1906.

125. Becquerel: Comptes rendus, cxxxVi, PP199, 431, 977, 1517
(1903).

126. Bragg: Phil. Mag, Dec, 1904; April, 1905.

127. Becquerel: Comptes rendus, cxli, p485 (1905); cxlii, p365

(1906).

128. Bragg and Kleeman: Phil. Mag,Dec,1904; Sept,1905.

129. McClung: Phil. Mag,Jan,1906.

130. Curie and LABorde: Comptes rendus, cxxxVi, p673 (1904).

131. Rutherford and Barnes: Phil. Mag,Feb,1904.

132. Larmor: Aether and MaTTer, p233.

133. Lord KelVin: Phil. Mag,March, 1903; Oct,1904; Dec,1905.

134. J. J. Thomson: Phil. Mag,Dec,1903; March, 1904.

135. Sir William and Lady Huggins: Proc. Roy. Soc,lxxii, PP196, 409 (1903); lxxVii, p130 (1906).

136. Walter and Pohl: Ann. d. Phys,xViii, p406 (1905).

137. Bumstead: Phil. Mag,Feb,1906.

核
科
学
基
本
原
理